微小卫星的应用与商业模式研究

浙江天地经纬科技有限公司　主编

北京理工大学出版社
BEIJING INSTITUTE OF TECHNOLOGY PRESS

图书在版编目（CIP）数据

微小卫星的应用与商业模式研究 / 浙江天地经纬科技有限公司主编. —北京：北京理工大学出版社，2019.2
　ISBN 978-7-5682-5739-8

　Ⅰ. ①微…　Ⅱ. ①浙…　Ⅲ. ①小型卫星–人造卫星–研究
Ⅳ. ①V474.1

中国版本图书馆 CIP 数据核字（2018）第 110923 号

出版发行 / 北京理工大学出版社有限责任公司
社　　址 / 北京市海淀区中关村南大街 5 号
邮　　编 / 100081
电　　话 / （010）68914775（总编室）
　　　　　（010）82562903（教材售后服务热线）
　　　　　（010）68948351（其他图书服务热线）
网　　址 / http://www.bitpress.com.cn
经　　销 / 全国各地新华书店
印　　刷 / 三河市华骏印务包装有限公司
开　　本 / 710 毫米×1000 毫米　1/16
印　　张 / 9.5　　　　　　　　　　　　　　　责任编辑 / 钟　博
字　　数 / 118 千字　　　　　　　　　　　　文案编辑 / 钟　博
版　　次 / 2019 年 2 月第 1 版　2019 年 2 月第 1 次印刷　　责任校对 / 周瑞红
定　　价 / 46.00 元　　　　　　　　　　　　责任印制 / 李志强

重视微小卫星 推动航天发展

微小卫星是宇航事业起步之初就出现的一种低成本航天器，为各种科学实验和技术研究作出了重要贡献。20世纪90年代以来，随着元器件小型化技术的进步和航天器设计水平的提高，小卫星的功能更多、性能更好，具备了成为长寿命、高可靠业务型卫星的潜力。小卫星、微卫星、纳卫星、皮卫星等概念先后出现。尤其是立方星标准出现后，其成为相当多创业型商业航天企业的首选卫星类型。一批小卫星星座，包括立方星星座已经投入商业运行，更多商业小卫星星座正在筹建之中。

进入21世纪以来，微小卫星越来越成为世界航天活动中最受人关注的内容之一，进入了一个新的、大发展的历史阶段，代表了当今的时代精神和创新活力。由于微小卫星发展范围快速扩大、发射数量急剧增加，因此航天产业正在经历着蓬勃发展的新阶段。

围绕小卫星及其星座的建设、维护、更新，出现了一批新的产业链环节和服务模式，也出现了一系列新的问题。其中包括专门用于发射小卫星的小型快速反应运载火箭、用于向初创企业提供服务的卫星零部件制造商、用于为不同企业的小卫星提供统一测控服务的地面测控网等。小卫星在航天工程教育和星际探测方面也正在发挥着越来越大的作用。

随着小卫星的成熟和应用的不断扩大，小卫星的应用得到了越来越多的重视。作为一种技术难度小、成本低的航天器，小卫星星座的建设和运行是应用驱动型的。只有充分地应用、获取足够的经济收益，才能支撑小卫星星座的存在。

航天产业界正在逐步关注这个问题，国内外多位专家就此发表了多篇论文，阐述了自己的观点。在这样的发展形势下，面向与小卫星研制和商业化有关的科研院所和公司，编写一部介绍小卫星发展和商业模式的文集，有着明显的意义。

为了让国内航天领域有关领导，小卫星相关单位、相关人士更加重视小卫星的综合应用，充分了解学术界的有关观点，扩展思路，引起讨论和争鸣，我们搜集和整理了有关论文中的精粹，集结成册，使之能够发挥更高的参考价值。

文集通过对现今小卫星领域、尤其是立方星和微纳卫星发展情况的描述，使人们了解小卫星正在如何深刻改变着航天工业和商业领域。

由于我们的水平有限，加之时间仓促，文集中可能会存在一些疏漏之处，望读者不吝指出。

闻光银

目录

第一章

初识小卫星

一、预示太空工业模式重塑的立方体卫星

王景泉

（北京空间科技信息研究所）

如果要确定 2015 年[①]国际太空工业最有影响力的领域，那么夺得头筹的毫无疑问是微小卫星，其中最耀眼的又当数微纳皮及其立方体卫星（CubeSat），这种卫星代表了当今的时代精神和创新活力。由于微纳皮卫星发展范围快速扩大、发射数量急剧增加，因此太空工业正在经历着蓬勃发展的新阶段。

---

① 编辑注：由于本书中部分文章的撰写时间较早，故存在时间状态叙述与当下不一致的现象，特此说明。

科学、技术、工程和数学（STEM）这 4 个主题在国外被视为推进创新和进行深入研究的核心领域，这些领域的国家能力对于实现知识经济至关重要，同时也是与发展立方体卫星关系最密切的领域，因此发展立方体卫星也会为构建知识经济发挥一定的推动作用，成为一个国家科学技术发展中的重要角色。由于这种卫星具有成本低、研制快速和应用效果好等优势，该类型的卫星很快就突破教学和技术试验的范围，冲向遥感、科学、通信、深空探测等空间系统主流应用领域。现在世界上已经有越来越多的国家利用立方体卫星引领本国的社会性创新。

虽然这种微小卫星的研发已经进行了 20 多年，但 2013 年以后的这几年却是面向市场开发的具有决定性的几年。2014 年，全球共发射了 162 颗立方体卫星，其中大约 100 颗已投入商业运行。2014 年 10 月和 2015 年 6 月"国际空间站"货运飞船两次发射失败，不但损失了 34 颗搭载的立方体卫星，也使微纳皮卫星的发射进入低谷，它们恢复发射后会使这种卫星的发射走出低谷，呈现发展高峰，估计在 2016 年会有超过 240 颗立方体卫星发射。另外，专用微小卫星运载火箭的成功开发，将使其在 2017 年后及可预见的未来呈现更快的发展势头。美国空军首席科学家马克·梅布瑞在其报告《全球地平线：美国空军全球科技构想》中指出：微小卫星将成为未来太空领域"改变游戏规则"的要素之一，特别是立方体卫星，将占据更大的市场份额，甚至有可能重塑太空工业模式。

1. 微纳皮卫星的质量范围与立方体卫星的概念

笼统地说，从质量角度，微纳皮卫星包括立方体卫星，而立方体卫星却不能完全代替微纳皮卫星。

1）微纳皮卫星与立方体卫星的质量划分

目前，国外大部分文献关于微纳皮卫星主要以质量区分，即皮卫星的质量为 0.1～1 kg，纳卫星的质量为 1～10 kg，微卫星的质量为 10～

100 kg。这种划分没有明确的形状和体积等要求，属于上述哪种质量范围，就归于哪种卫星。

关于立方体卫星的概念，顾名思义它是指立方体形状的卫星，不但有质量要求，还有严格的形状限制，一般定义为体积在 10 cm×10 cm×10 cm、质量在 1 kg 左右的标准卫星为立方体卫星的一个基本单元（1 U）。立方体卫星可根据需要搭成由多个立方体单元（1.5 U 以上）组成的积木式卫星，现已出现 2 U、3 U、6 U、12 U（20 kg），甚至 27 U 的立方体卫星设计。立方体卫星的尺寸也由 1 个维度尺寸的增加拓展到 3 个维度尺寸的增加，但必须保持立方体的基本形状。

2）微纳皮卫星与立方体卫星的联系与区别

由于定义了 1 U 立方体卫星的质量约为 1 kg，因此初期立方体卫星也称为皮卫星或纳卫星，原因是 1 U 立方体卫星的质量（1 kg）既是皮卫星的上限，又是纳卫星的下限。立方体卫星与微纳皮卫星的主要联系，从质量上看立方体卫星贯穿于微、纳、皮 3 种卫星类型，最小的立方体卫星可进入皮卫星范围，大些的多单元立方体卫星可进入纳卫星，甚至微卫星范围。所不同的是，立方体卫星是微纳皮卫星的特殊形式，即立方体卫星是微纳皮卫星中特定的模块化、标准化设计，不但产品的通用性强，而且立方体的形状也利于多星垒集、同时发射。一般来说，初期的立方体卫星大多在长度这一维度上增加，因此更多的是长方体卫星。立方体卫星外形的标准化设计，不但方便作为二次有效载荷连接释放器进行释放，其也是这种卫星定义的核心。因此，如果不是立方体卫星标准化设计，即使在立方体卫星的质量范围内，也只能称作微纳皮卫星，而不能称作立方体卫星。如美国陆军空间与导弹防御司令部（SMDC）于 2011 年发射的"鹰眼"（Kestrel Eye）电子光学侦察卫星，虽然质量是 10 kg，但不是立方体卫星的标准设计，只能属于微纳皮卫星。

可以说，立方体卫星作为贯穿于微纳皮卫星质量范围的标准化平台，是近年来微纳皮卫星得到快速发展的重要推动力，立方体卫星的新设计思路，使立方体卫星出现了 3 个维度都增加的设计，这就有可能使立方体卫星更快地进入较大型的发展阶段。如 2014 年 8 月，中国用"长征–4B"火箭发射"高分–2"卫星时，搭载的波兰亮星目标探测器——"波兰–2"，其质量为 7 kg，尺寸为 20 cm×20 cm×20 cm，长、宽、高 3 个维度均增加了 1 倍，而不像初期那样只在 1 个维度增加。从质量上看其属于纳卫星，但由于严格的立方体卫星设计，其当然可以称为立方体卫星。美国新的"赫拉"（Hera）立方体卫星系统基于 12 U 的设计，是 24 cm×24 cm×36 cm 尺寸的立方体形状，也是 3 个维度都增加的立方体卫星设计。这是新出现的大型立方体卫星的标准尺寸样式，这样既加大了卫星发展的空间，又允许使用标准化搭载释放装置，适合作为二级有效载荷发射。

目前，国际宇航科学院（IAA）和国际标准化组织（ISO）也开展了关于微纳皮卫星的定义和设计要求的研究。为了更准确地定义这些卫星，IAA 研究组提出了"精益卫星"（Lean Satellite）的定义。这两个机构所定义的微纳皮卫星，采用非传统的、有一定风险的研制途径，只利用少量的队伍实现低成本研制和快速交付。其定义还明确了"小"的概念，不只涉及卫星尺寸"小"，还要体现卫星研制途径简单、方便等特点。近年来，针对这种构建微纳皮卫星大型星座和研制低成本运载火箭的发展，欧美国家有文献称之为一次"轨道革命"。由于立方体卫星可以利用开放资源进行标准化硬件设计，特别是能采用商业现货研制，又能快速交付，还可组成星座支持网络式应用，因此它促进了微纳皮卫星的快速发展。立方体卫星作为微纳皮卫星的生力军，具有研制日益趋于社会化、利用涌现个人化的趋势，甚至有可能起到重塑太空工业模式的作用。

鉴于立方体卫星是微纳皮卫星的标准化形式，而且能体现微纳皮卫星的发展特点和优势，本文重点讨论立方体卫星。

2. 立方体卫星发展的主要动力

1）大学对立方体卫星的开拓

有些大学较早提出了立方体卫星的技术标准，如加州理工大学和斯坦福大学在 1999 年就提出了立方体卫星标准。加州理工大学当时还研制了标准化工艺皮卫星轨道部署器（PPOD），能够释放 3 U 立方体卫星包（含几颗 3 U 立方体卫星）。日本宇宙航空研究开发机构（JAXA）也以皮卫星轨道部署器（JPOD）参与了加州理工大学和斯坦福大学空间系统开发实验室（SSDL）的合作。大多数立方体卫星计划初期由大学生提出并实施，目的是作为低成本的途径用于宇航专业的学生获得系统工程经验和熟悉卫星研制的全过程。最早的一批立方体卫星于 2003 年 6 月 30 日发射，包括日本东京工业大学立方体技术工程试验卫星–1（CUTE–1）、加拿大先进纳米卫星试验–1（CanX–1）、丹麦奥尔堡大学立方体卫星–1（AUU–1）等。此后微纳皮卫星迅速发展，许多国家，特别是空间技术力量薄弱的国家，积极发展这种卫星用于技术试验，这为 2013 年后形成的发展热潮奠定了基础。

2）技术进步是立方体卫星快速发展的基本动力

立方体卫星代表了潜在的突破性技术，由此甚至可以寻找到空间技术体系中永久性的发展空间。近几年立方体卫星的快速发展，主要源于科学技术，特别是电子技术的迅速发展，源于卫星有效载荷能力的巨大进步。立方体卫星不会完全代替大卫星，在很多应用领域依然是大卫星的补充，但在某些应用领域，快速的技术进步却使立方体卫星的功能日渐强大，特别具有类似于当年用户采用的成本低，但具有强大功能的个人计算机代替单体大型计算平台的趋势。对于立方体卫星系统，在整个项目全寿命周期内投资和回报具有连续性特点，这不但具有初期投资不高的好处，而且投资也与研制、试验、飞行各个阶段相协调，可以在项目期间不断修正，新技术也可以及时融入。

立方体卫星快速发展所涉及的技术主要包括微电子，低功率通信，高效率太阳电池，低成本，高精密度组装，高能量密度电池，微机电系统（MEMS），高密度存储，现场可编程门阵列（FPGA），高效率电机和执行机构，先进材料、集成化光学系统，微型敏感器和微型流体技术等众多门类，这些领域技术的快速进步，大大减少了立方体卫星发展的技术和成本障碍。

微小型化和集成化技术大大加快了卫星性能的快速提升。卫星下行数据率和存储能力每 10 年可提高 1 个数量级，地面采样距离（GSD）的进步也有类似的趋势。采用新型结构复合材料，大大提高了卫星性能质量比，有些卫星的性能质量比也能达到每 10 年提高 1 个数量级的发展速度。尚未达到物理极限和具有突破性新技术潜力的卫星领域得到快速开发，电子压缩技术不断创造奇迹。采用多层太阳电池技术，效率可达 44% 以上，使电源的产生与利用也出现快速增长趋势。由于在立方体卫星上采用可展开式太阳电池翼，电源的产生作为卫星质量的函数更是大幅增加。使用记忆存储合金技术，可使展开机构极大地降低质量、体积和成本；使用可膨胀式天线，由于硬件质量大幅度降低，传输数据率提高的速度也十分惊人。近几年几乎所有的立方体卫星的分系统都进行了改进，如由于采用小型化星跟踪器和反作用轮，优于 1° 的指向精度已经成为可能。在最近的立方体卫星设计中，包括 X 和 Ka 频段的传输系统，其下行数据率已经达到 100 Mb/s。这种改进推动了更先进的立方体卫星任务，并正在引起立方体卫星和传统卫星的竞争。

基于上述技术发展，10 年前为实现 1 m 的空间分辨率，卫星至少需要 1 000 kg 的质量，如今质量为 100 kg 的卫星即可实现这一空间分辨率。传统上，卫星个别部分的性能改进后，只要质量不变，就视为整颗卫星的性能得到了改进。这样一来，由于卫星的局部都在争相进行改进，越来越多的分系统使整颗卫星的性能超过了设计要求，现在的 6 U 立方体卫星已经能实现 20 m 的空间分辨率。然而有的公司分析市场需求后得出结论，如果突破了 1 m 的地面采样距离，再进一步提高空间分辨率的商业空间就会越来越小，因此新趋势是向质量更轻的立方体卫星发展，越来越多的公司（如行星实验室公司等）目前把观测分辨率限定为几米，而将技术开发的重点放在如何减小卫星的质量上。

综合考虑卫星的发射数量，这种卫星所采用的技术及其所达到的性能在过去的 10～15 年间持续改进，可预见未来这种改进将继续。立方体卫星质量增大的发展走势十分明显。2009—2013 年，70%的立方体卫星的质量小于 3 kg，而此后的 2 年，这种质量的卫星数量刚刚超过 50%。2014—2016 年，质量为 1～3 kg 的卫星数量明显减少，而质量为 2～4 kg 及以上的卫星数量明显增多。

3. 立方体卫星的主要优势和前景

最近几年，立方体卫星的发展发生着巨大转变。几年以前，立方体卫星还仅仅用于教育计划和技术试验，今天这种卫星已经可以构成分布式空间系统进入通信、遥感、科学和深空探测等主流应用领域。现在立方体卫星的发展呈指数增长态势，主要特点是低成本和快速交付。

（1）立方体卫星已经进入发展的快车道，冲出低谷后会出现更大的发展高潮。

自从 1999 年开始引用立方体卫星标准，其结合快速出现的电子技术小型化、集成化，引领了立方体卫星的快速发展。在此后的 15 年中，这种卫星数量快速增加，在 2013 年、2014 年达到最高峰。对于未来，可预见的市场需求将继续增长。

近年立方体卫星的快速发展，逐年呈指数规律增加。2003—2012 年的近 10 年间，全世界大约发射 300 颗立方体卫星，而在 2013—2014 年 6 月，不到 2 年时间，这种卫星的发射数量远超过去 10 年的发射数量。

2014—2015 年卫星发射发生了几次重大事故：2014 年 10 月，轨道-ATK 公司的"安塔瑞斯"（Antares）火箭发射"天鹅座"（Cygnus）飞船失败，损失 26 颗立方体卫星；2015 年 6 月，太空探索技术公司（SpaceX）的"猎鹰-9"（Falcon-9）火箭发射"龙"（Dragon）飞船失败，损失 8 颗立方体卫星；2015 年 10 月，"超级斯届比"（SuperStrypi）小型运载火箭发射 13 颗小卫星失败。这使立方体卫星发展严重受挫。

这 2 种火箭承担了大部分微小卫星的发射任务，轨道-ATK 公司的"安塔瑞斯"火箭尤为关键，自 2003 年开始发射以来，该火箭发射的微纳皮卫星占发射总数的 1/3，主要是通过飞船运送立方体卫星进入"国际空间站"然后再释放的形式完成。2015 年 11 月，"安塔瑞斯"火箭发射的"天鹅座"飞船恢复飞行，2016 年 1 月，太空探索技术公司的"猎鹰-9"火箭发射的"龙"飞船恢复飞行。"国际空间站"货运飞船恢复飞行后，立方体卫星的发射数量会出现大幅度提升。加之其他运载火箭的搭载、专用小卫星运载火箭的发射，2016 年以后立方体卫星发射定会走出低谷，出现更大的发展高潮。

（2）低成本和快速交付是立方体卫星的基本优势。

立方体卫星使用商用现货（COTS）部件，比使用抗辐射加固部件的卫星研制时间缩短许多，商用现货所支持的批量化生产不但可大大降低成本，而且批量使用可通过统计建模设计提高其性能和可靠性，有的性能甚至超过使用抗辐射加固部件的卫星。特别是立方体卫星使用的商业现货电子部件，更支持标准化设计和批量制造，成为研制较低成本卫星的重要途径。目前，对立方体卫星的需求快速增加，因此获得这些优势需要采用与传统卫星研制不同的设计、制造、项目管理思路，实现快速交付，这样既可发挥其快速投入运行等优势，又可避免初期高投资等短处。

立方体卫星利用标准化设计，实现插拔式利用。立方体卫星的发展速度甚至类似于计算机能力的增长，即符合每 18 个月增长 1 倍的摩尔定律，如今立方体卫星已经能完成几年前较大卫星才能完成的功能。低成本和快速研制周期使其可以快于已有的大卫星系统获得效益。

（3）立方体卫星组成星座形成强大功能，产生了更猛的发展势头。

通过大量建立卫星星座，新的太空初创公司正在瞄准突破传统的太空工业模式，向全球用户提供新业务和开辟新市场，这特别能够大大改进卫星遥感的重访周期，并将有力拓展遥感应用范围，包括诸如图像分析、资产跟踪和高速数据连通等新应用。特别是地球观测，其通过向农业、矿业、灾害管理、森林和野生动植物、财经业务等各行各业提供数据，而成为行业快速发展的关键驱动因素。

较之传统大卫星，立方体卫星组成星座有非常明显的经济和技术优势。一般传统的大卫星，要求几乎所有的资金要在任何投资回报到来以前花出。而对于微纳皮卫星系统，资金只要花出，就会在其计划的整个周期内或多或少产生连续的效益。这不但便宜，而且整个计划期间的研制、试验、飞行过程可以进行更加灵活的调整，新技术也能快速融入。这样，立方体卫星的发展就有可能重新塑造太空工业模式。这种微小型空间技术的发展有几个关键优势：一是可用于数据通信难以满足的需求和关于全球信息的需求；二是降低质量和将日用电子产品装进空间系统；三是拓展新投资源，特别是及时利用来自信息工业的投资。

低成本和快速交付带来的尚需进一步解决的问题是成功概率问题。从目前来看，立方体卫星任务的成功率低于传统卫星，但组成星座可以缓解单颗卫星成功概率不高的问题。统计表明，质量低于 10 kg 的卫星成功发射以后，只有 48% 的卫星能按要求完成任务。统计还发现，如果由大学或非航天制造机构制造的卫星质量超过 10 kg，其成功率还可能有更大下降。但立方体卫星除采用不同的方法解决可靠性问题外，主要发挥其以较低代价组成较大星座的独特优势，低成本和快速交付，甚至偶尔的发射失败都没有大的影响。尽管单颗卫星的成功率较低，但所设计的卫星星座有这样的特点，即一颗卫星的故障并不一定导致整个卫星星座的失效，因为可以采取备份的方式加以弥补。对于单颗卫星计划，甚至可以通过允许任务中断等设计缓解困难。虽然存在个别卫星不能完成任务的时段，但在设计上仍然可以使整个计划很快恢复。当然，即使是此种情况，改进单颗卫星的可靠性仍然是重要的，这样可以降低整个计划成本，或节省采用备份的计划流程投入，或尽量避免暂时的卫星中断，挽救任务丢失的风险。很容易设想，立方体卫星的低成本特点致使其最终会像无线电、电视、计算机和移动电话那样，具有个人拥有的方式，即个人可以拥有自己的立方体卫星，由此可带来多种变化。

（4）立方体卫星向科学应用的广度和深度拓展，越来越多的国家加大了支持力度。

大学的立方体卫星获得了明显效果，初创公司从中看到了前景和希望，发展劲头加大。对于美国这种发达国家，美国国家科学基金会（NSF）和美国航空航天局（NASA）也迅速调整了发展策略，追赶相关技术，并将之作为诸如地球遥感和大气科学这些关键领域之间缺口的弥合途径，加大支持力度。事实上美国国家研究委员会早就明确地建议，"要开发与多卫星星座任务相关的甚小型卫星和先进的分系统"。

立方体卫星是在可容忍风险的环境中，低成本地构建国家科学知识财富的有效途径。立方体卫星技术代表了目前空间科学模式的转变。长期以来对昂贵的任务的依靠，导致预算超支、产生受政治影响的易变性以及机构结构复杂等问题。立方体卫星给了空间科学机构相当程度的自主性，这种卫星平台也是可靠的、有用的和高费效比的空间科学研究途径。对于已经具备航天能力的国家，只有创新才能引领更快的发展，立方体卫星也是可支持创新的有活力的平台。

在立方体卫星时代到来之前，只有传统的空间发展国家才有能力进行空间生命和生物科学研究。对于发展中国家，立方体卫星为它们的科学研究另辟蹊径，使它们能够获得空间独特环境方面的发现，这给这些发展中国家提供了在地面就能突破空间科学的机会。另外立方体卫星的低门槛也为发展中国家利用已有的研究发展投资提供了一个快速有效的发展途径。

（5）初创公司冲击潜在市场，太空产业模式的巨大改变即将来临。

开发立方体卫星的初创公司大量涌现。如多年来气象卫星主要采取公益方式，但随着经济发展的细微化、定量化，下游经济体对气象的需求日益局部化和精细化，初创公司看到这一潜在市场，发展商业性立方体气象卫星星座，这预示着这些初创公司将气象预报从公益化推向商业化。将新出现的商业立方体星座数据融入气象预报领域，不但能更好地保护生命和财产，还能支持新的和有创造力的气象资源开发，培育新的产业，减少政府投资，提升整个社会气象预报的能力。

多年来，美国成像侦察要么是利用专用军事卫星，要么是通过政府买断大公司的图像数据。美国政府看到了立方体卫星公司如雨后春笋般涌现，认识到其必将成为有巨大潜力的信息资源，国家和军队要不失时机地利用这一资源，图像信息获取模式必须尽快改变。因此，国家地理空间情报局（NGA）较早就向有关初创公司提供"种子基金"予以支持，有的公司已经进行过飞行试验，并将继续扩大应用模式的全方位试验，事实证明其不但会使重访周期会大大缩短，而且还会使成像侦察从静态图像向动态视频侦察等多种手段拓展。

4. 面临的问题与需应对的挑战

从目前看，立方体卫星的发展正处于一个转折点。主要表现在，每年发射的立方体卫星越来越多，更有经验和更有实力的制造商不断进入，立方体卫星能使用更加先进的技术，进入更多应用领域，特别是进入商业市场。随着立方体卫星的发展，其面临的问题与挑战也日益突出。

（1）面对用户市场，必须提升应对更高要求的能力。

立方体卫星逐渐用于更高档次的任务和需求，更多地面对用户市场，需要投入较多成本和进行更强的研制工作以提升应对更高要求的能力。这就意味着卫星研制者要提供较高等级的任务担保，还要及时使用最新的可以利用的技术，保持低成本、短周期和高性能的特点，使立方体卫星更具吸引力。对于任务担保，关键的计划和技术驱动力是在各种不同的项目中由研制立方体卫星的经验来确定。现在这一领域的参与者更容易社会化，不一定局限于专业机构和队伍，某些项目的驱动力对于相对缺乏经验的队伍承担任务可能有更大的意义。而对于更有经验的队伍来说，技术驱动力可以使任务成功的概率更高，提升应用成效。通过对某些立方体卫星关键特点的评估可以发现，考虑利用创新技术问题，从任务担保性看，某些立方体卫星比大卫星可能更适合面对用户市场。

（2）仍需更大技术进步的支持和促进。

未来立方体卫星所需的技术进步仍有巨大发展空间，如编队飞行等新模式的实现，对姿轨控有更高的要求，甚至相关的分系统都需要进行较大改进。对于近地轨道以远的任务，使用立方体卫星有更多的关键技术需要开发，然而目前还有很多影响立方体卫星快速进步的瓶颈，如热控、电推进、激光通信等很多关键技术需要突破。由于某些立方体卫星在低轨道运行时地面可视时间很短，需要发展更多卫星的星座，但轨道的拥挤和轨道碎片的增加，使多卫星星座所带来的碰撞问题和轨道安全问题引起了更多关注，同时高分辨率大型光学系统的物理限制也需要突破微型展开技术等难题。要提高卫星性能，必须把着眼点放在卫星系统的单位功率、体积和质量所能实现的性能上，即卫星的功能密度必须进一步增加。提高立方体卫星的性能有两种途径：一种是研制规模更大和能力更强的系统，这样随着技术的进步，每颗卫星的性能得到提高，基本符合摩尔定律。另一种是提高卫星的体积内封装的电子系统的密度，以使每颗卫星能安装更多的单元。按照这种思路，立方体卫星的可用性还有较大发展空间。

（3）立方体卫星部件设计的新挑战。

如今，对立方体卫星部件的要求正在发生明显的变化。对于诸如多卫星星座等新市场的参与者，较大的立方体卫星的科学和商业等主流应用是主要的驱动因素。为了迎接这一挑战，需要开拓设计和制造卫星部件的新途径，支持快速发展。

新的多卫星星座作为新兴市场的参与者和推动力，其使立方体卫星部件的设计要求发生了巨大改变。其特点是星座卫星的交付时间明显缩短，单颗卫星的价格降低。新参与者必须能够接受较高的风险，这主要是基于系统或星座冗余的支持，这就需要改变分系统和部件的要求。另一个改变是即将到来的 10～50 kg 卫星市场的扩大。最早产生于教育立方体卫星机构的卫星所采用的技术，对于真正的科学或商业应用已经不完全适合。为此，不少公司和科学机构正在研制或计划研制多种新型立方体卫星，这对部件市场产生了更多新的要求。由于对有效载荷、电源等有越来越高的需求，立方体卫星的体积和质量有不断增长的趋势。以前的教育卫星大多为 1 U～3 U 立方体卫星，而对于商业和科学任务，目前逐渐趋于向 6 U、12 U、16 U 和 27 U 立方体卫星发展，对卫星部件的商用现货需求也呈猛烈增长态势。

（4）作为二级有效载荷发射存在的问题。

对于立方体卫星，轨道机动能力代表着应用的机会与挑战。目前，由于立方体卫星大多作为二级有效载荷发射，其轨道位置受限于主有效载荷须到达轨道位置的约束，即由于必须适应主有效载荷的轨道要求，对立方体卫星来说，其必须接受发射所能达到的轨道并非最佳轨道的现实。立方体卫星的开发者总是希望具有轨道机动的某种能力，但提供搭载方一般又不能接受立方体卫星携带推进系统，否则可能影响主有效载荷发射时的速度变化（ΔV）或产生污染风险。因此，立方体卫星专用发射手段问题被提上议事日程。美国已经开始立方体卫星专用发射火箭的风险计划，该计划要求提供批量立方体卫星的专用发射。为解决飞行轨道和发射日程缺少控制力的问题，NASA 于 2015 年 10 月宣布，向 3 家公司授予研制立方体卫星专门发射火箭的合同，合同总额是 1 710 万美元。这 3 家公司是萤火虫太空系统公司、火箭实验室公司和处女银河公司，而这 3 家公司之前均未向轨道发射过一颗卫星，因此属于风险性竞争。在这些风险级发射服务计划中，NASA的合同支持每一个承包商仅发射一次。

在这之前，NASA 有一个小卫星发射器，称为"教育发射纳米"（ELaNa）系统，但限制是 NASA 的火箭任务有剩余发射能力时，安排NASA 和大学的立方体卫星发射。直到现在，立方体卫星的发射基本上还是依靠其他的运载火箭搭载进入太空。NASA 立方体卫星专用火箭的开发，将是立方体卫星突破搭载局限，作为主有效载荷发射的开始。

（5）对于大量立方体卫星的发射，轨道碎片问题不容忽视。

立方体卫星以星座投入运行，一个重要特点是卫星数量特别巨大，现在美国太空探索技术公司已经提出 4 000 颗卫星的星座，包括其他类似的大规模星座，卫星寿命结束后的轨道处理问题成为关系到轨道安全的大问题。到目前为止，所有立方体卫星任务，或者在轨道自然衰减，或者利用某种技术途径加速轨道衰减，总之要遵循联合国机构间空间碎片协调委员会（IADC）提出的在 25 年内实现轨道衰减的共识。由于立方体卫星大多不携带轨道推进系统，卫星轨道寿命结束后的处理措施以及如何使立方体卫星不成为轨道碎片源也成为亟待解决的问题。

二、国外甚小卫星发展研究

张召才

（北京空间科技信息研究所）

近年来，全球小卫星（发射质量低于 500 kg）发展态势强劲，发射数量逐年增长，已成为世界航天活动的主要构成部分之一。随着微光机电系统技术、微纳加工技术以及创新系统设计理念、创新系统运营模式的不断发展，小卫星进一步朝着微小型化发展，在成本更低、周期更短、发射更便捷等需求的驱动下，200 kg 以下的小卫星逐渐成为发展最活跃的领域。

1. 国外甚小卫星呈持续高涨发展态势

国际上对小卫星（SmallSat）的分类主要以卫星质量为依据，分类方式见表 1-1。一般情况下，将迷你卫星（MiniSat）、微卫星（MicroSat）、纳卫星（NanoSat）、皮卫星（PicoSat）和飞卫星（FemoSat）统称为小卫星，即质量低于 500 kg 的卫星称为小卫星。同时，学术界一般又认为，可以把质量低于 200 kg 的小卫星统称为甚小卫星（very small satellite）。笔者在研究本篇文章时采用了这一学术观点，以甚小卫星为研究对象。

表 1-1　卫星分类方式

类型	飞卫星	皮卫星	纳卫星	微卫星	迷你卫星	中型卫星	大卫星
质量范围	1～100 g	0.1～1 kg	1～10 kg	10～100 kg	100～500 kg	500～1 000 kg	＞1 000 kg
典型应用	科普	教育	技术验证	技术验证	业务应用	业务应用	业务应用

2010—2014 年间，全球航天器发射数量呈快速增长趋势，甚小卫星是全球航天快速发展的主要驱动力量和重点发展领域。5 年间，全球共成功将 857 颗航天器发射进入预定轨道，其中，甚小卫星共计 359 颗，约占同期入轨航天器总数的 42%，占比超过 40%，如图 1-1 所示。

图 1-1　2010—2014 年全球成功发射甚小卫星数量统计

（1）微、纳、皮、飞卫星发展高度活跃，推动甚小卫星总量骤涨。

2013 年和 2014 年，甚小卫星发射总数骤然跃升，占比达到全年发射总数的 50%以上。其中，微卫星、纳卫星、皮卫星和飞卫星发展高度活跃，推动甚小卫星发射总数骤涨。2015 年 6 月，美国北方天空研究所（NSR）咨询公司发布了其第二版《微纳卫星市场》报告，预测未来 10 年全球将发射 100 kg 以下微纳卫星超过 2 500 颗。老牌和新兴航天公司均涌向小卫星市场，利用低成本微纳卫星发展对地观测，科学、空间态势感知等业务。2010—2014 年全球成功发射甚小卫星质量分布统计如图 1-2 所示。

（2）美、欧是甚小卫星发射主力军，新兴国家借此打破航天空白。

从甚小卫星所属国家看，美国、欧洲和日本近 5 年发射的甚小卫星数量最多，依次位列全球前 3 位。其中，美国的发射数量遥遥领先其他国家，约占同期全球发射甚小卫星总数的 53.5%，这彰显出美国利用甚小卫星创新空间技术和发展创新应用的全球引领地位。此外，

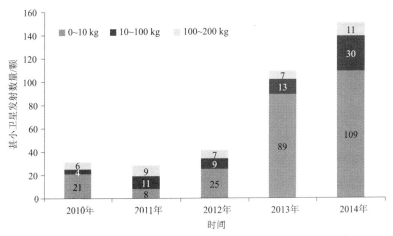

图 1-2　2010—2014 年全球成功发射甚小卫星质量分布统计

秘鲁、奥地利、厄瓜多尔、乌拉圭等新兴航天国家开始借助甚小卫星开展本国航天活动，实现了本国卫星发射零的突破，推动了航天技术在全球的普及，加深了航天在世界范围内的影响，在全球掀起一场"轨道革命"。2010—2014 年各主要航天国家发射甚小卫星占比如图 1-3 所示。

17

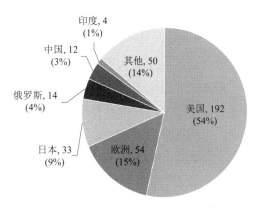

图 1-3　2010—2014 年各主要航天国家发射甚小卫星占比

（3）甚小卫星从技术试验迈向业务化发展。

随着甚小卫星单星性能、在轨寿命的不断提高，以及星地一体化设计理念、星座编队飞行能力的发展，甚小卫星应用领域不断拓展，开始从技术试验向对地观测、通信广播、空间科学与深空探测等领域延展。一方面，尽管科学与技术试验仍是甚小卫星的主要应用领域，但其不再只局限于元器件、部组件测试等传统应用，而开始为业务型对地观测、通信广播等应用卫星系统开展全系统空间试验和功能验证。另一方面，甚小卫星在中高分辨率光学遥感成像、存储转发通信和数据采集等领域中的应用显著发展。近 5 年甚小卫星应用领域占比如图 1–4 所示。

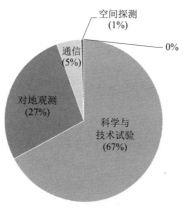

图 1–4　近 5 年甚小卫星应用领域占比

（4）甚小卫星的商业应用是未来最大增长极。

甚小卫星由于成本低、周期短、发射便捷等特点，是各国政府、研究机构和高校开展前沿技术创新的重要领域。同时，随着业务能力的不断提升，甚小卫星的军事应用和商业价值也获得广泛关注。2014 年，俄罗斯发布的《俄罗斯 2030 军事技术装备发展战略》提出，俄罗斯面临的主要军事威胁之一是 "主要国家加紧发展包括以各种（作战、侦察等）小型卫星和纳米卫星为基础的航天技术"。2010—2014 年，全球共发射 100 颗商用甚小卫星、59 颗军用甚小卫星和 200 颗民用甚小卫星，占比分别为 28%、16% 和 56%。特别是随着风投、众筹等多元化投融资方式在航天领域兴起，未来商用甚小卫星的发展将进一步呈现繁荣增长趋势。

2. 国外甚小卫星迈入实用化发展阶段

早在 2008 年，美国富创咨询公司就发布了一篇关于低成本甚小卫星的市场调研报告，认为 100～200 kg 范围的小卫星"技术发展开辟了除传统的技术论证领域之外的其他市场"。富创咨询公司对 30 多个潜在的应用领域进行调查后提出，甚小卫星最具发展前景的 6 个领域包括军事科学和技术，情报、监视和侦察，偏远地区通信，数据采集，高分辨率地球观测以及环境监测。

目前，国外甚小卫星已发展为卫星体系的重要构成部分。各类应用卫星向更加注重效费比的小型化方向发展已成趋势，甚小卫星逐步突破以科学与技术试验为主要用途的传统思维，应用领域不断拓宽。并且，随着云计算、大数据等信息技术与空间技术相结合，国外涌现出大量基于甚小卫星的大规模星座，发展面向消费市场的创新卫星应用模式和服务模式。

（1）甚小卫星星座组网，可大幅缩短对地观测重访周期。

在对地观测领域，甚小卫星可以以星座组网的方式大幅度减小重访周期乃至实现全球实时观测。美国天空盒子成像公司（Skybox Imaging）计划构建由 24 颗单星质量仅 91 kg 的小卫星构成的高分辨率对地观测星座——"天空卫星"（SkySat），它具备 8 小时全球数据更新能力，可拍摄 0.9 m 分辨率的可见光图像和 1.1 m 分辨率的高清视频，提供基于云平台的遥感数据在线服务，推动对地观测数据应用从单幅图像处理向时序数据分析转变；美国行星实验室公司（Planet Labs）构建了全球首个运营级纳卫星光学遥感星座，分辨率为 3～5 m，采用"永远在线"（Always On）工作模式，星座可自动对陆地成像，并基于硅谷敏捷开发、敏捷测试等互联网思维研制卫星，开辟了甚小卫星低成本研制的新模式；日本东北大学（Tohoku University）发射了"雷神–2"

（Rising–2）对地观测卫星，多光谱分辨率为 5 m，用于研究地球积雨云和上层大气闪电现象。

此外，美国地理光学公司（GeoOptics）、尖顶公司（Spire）等均计划于近两年发射基于无线电掩星技术的商业气象多星星座，面向美国政府和大众市场提供商业气象数据及相关服务。地理光学公司计划发展由 24 颗单星质量低于 100 kg 的甚小卫星构成的"连续地球遥感观测一致性倡议"（CICERO）星座（图 1–5）；尖顶公司计划于 2015 年年底部署完成由 20 颗 3 U 立方体卫星构成的商业气象卫星星座（图 1–6），并随后逐步将星座规模扩展至 100 颗卫星以上，以改善气象预报的准确性。

图 1–5　地理光学公司"连续地球遥感观测
一致性倡议"（CICERO）卫星组装图

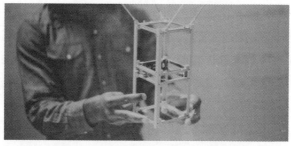

图 1–6　顶尖公司工作人员展示卫星结构

甚小卫星一般聚焦于用户实际需求，面向任务设计，具有功能专一化优势，可以提供任务定制和快速响应服务。美国陆军在"作战响应空间"（ORS）计划及快响理念的带动下，启动了"隼眼"（Kestrel Eye）卫星项目（图 1-7、图 1-8），以 30 kg 甚小卫星为平台支撑军兵种能力需求，发展快速响应空间能力，探索验证了航天装备直接服务战区、满足战术需求的新型应用模式。"隼眼"星座由 30 颗卫星组成，分辨率为 1.5 m，从基层作战部队提出成像请求到分发图像可在 10 min 内完成，支持基于"虚拟任务操作中心"（VMOC）系统的"即指即拍"（Point and Shoot）作战概念，基层指挥官利用界面化便捷终端即可完成作战任务规划、数据接收、处理和分发操作。2015 年 6 月，美国黑天全球（BlackSky Global）公司提出发展 60 星低轨光学遥感成像星座，单星质量为 60 kg，设计寿命为 3 年，轨道高度为 450 km。卫星具有在轨推进能力，采用工业级相机，分辨率约 1 m，侧摆角为±30°。星座预计将于 2019 年建设完成，届时可以在 90 min 内获得全球 95%区域的卫星遥感图像。此外，黑天全球公司构建了基于互联网的卫星指控系统，用户只需登录系统，即可通过地图点选的方式直接对卫星下达成像指令。整体看，黑天全球公司提出的商业星座堪称美国国防高级研究计划局（DARPA）"军事作战使能效果"（SeeMe）星座的商用版本。

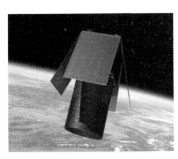

图 1-7 美国"隼眼"卫星　　　图 1-8 美国黑天全球公司卫星组装

（2）通信应用发展活跃，大规模互联网星座的发展最为瞩目。

在通信领域，甚小卫星在降低成本和通信时延方面优势显著，美国和欧洲基于甚小卫星发展了存储转发、宽带互联网接入以及数据采集服务。

美国"轨道通信"（Orbcomm）星座开启新一轮更新换代，"轨道通信卫星–第 2 代"（Orbcomm–OG2）星座（图 1–9）首批 6 颗卫星成功发射入轨，单星质量为 157 kg，卫星功率为 670 W，在保持数据存储转发能力的基础上，增加"自动船只识别系统"（AIS），用于海上客轮和货轮（300 t 以上）的跟踪与识别。据预测，随着 6 颗第 2 代卫星发射入轨，轨道通信公司"自动识别系统"业务的年收入将达到 600 万美元，并将逐渐提升至 1 000 万～1 500 万美元。欧洲大力发展甚小卫星"广播式自动相关监视"（ADS–B）系统，扩大民航飞机监视范围，尤其是海域和极地上方，提高空中交通安全水平、空域容量与运行效率，目前已完成星载载荷验证，后续将逐步推进低轨道甚小卫星星座业务化应用。

图 1–9　"轨道通信卫星–第 2 代"星座卫星地面测试

除了存储转发、数据采集业务外，通信领域掀起超大规模星座发展热潮，聚焦发展天基宽带互联网接入业务。一网公司（Oneweb）继续推动其低轨 Ku 频段通信星座项目，计划在 1 200 km 高的轨道部署648 颗小卫星，单星质量低于 150 kg，成本低于 50 万美元。这些卫星将运行在 20 个轨道面，提供全球覆盖服务（图 1–10）。2015 年 6 月22 日，一网公司将其低轨宽带互联网星座研制合同授予欧洲空客防务与航天公司。该合同是迄今全球最大的商业卫星制造订单。根据合同协议，双方将组建一家合资企业，建造 900 颗互联网广播卫星，星座计划于 2018 年开始发射。此外，美国太空探索技术公司（SpaceX）的创始人伊隆·马斯克（Elon Musk）宣布，将在美国西雅图建造卫星制造厂，计划制造并发射由 4 000 颗小卫星构成的低轨通信星座，提供全球宽带互联网服务。据马斯克透露，太空探索技术公司已向国际电联（ITU）递交了频率申请书。

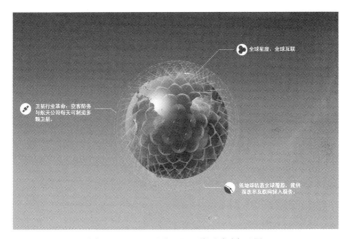

图 1–10　一网公司互联网广播卫星

3. 结束语

迅速增长的市场需求、不断变革的新兴技术给甚小卫星的发展带来了前所未有的机遇，推动着世界航天技术的发展和在更大范围内的应用。随着信息技术与空间技术的不断融合，未来将涌现更多基于甚小卫星的创新应用模式，推动卫星应用从面向专业用户，逐步向面向行业用户和消费用户发展。但也要看到，甚小卫星作为当前卫星体系的重要补充部分，其任务设计与大、中型卫星各有分工，发展甚小卫星不应以取代大卫星为前提。并且，质量低于 10 kg 的甚小卫星姿态轨道控制技术尚不成熟，一般不具备主动离轨能力，亟需高度关注此类甚小卫星的轨道设计，避免产生空间碎片，从而影响其他在轨航天器的安全。

三、现代小卫星发展的五次浪潮

张晓敏　杨　志　刘　钢　周　宇　王晓宇

（航天东方红卫星有限公司）

现代小卫星的发展始于 20 世纪 80 年代末，作为在新技术和新生产力水平基础上涌现出来的产物，现代小卫星采用全新的设计研制理念，这使其高新技术应用程度和功能密度产生了质的飞跃，从而得到了蓬勃的发展和广泛的应用。目前，国际上一般将质量小于 1 000 kg 的卫星称为小卫星。依此标准，迄今全球发射的现代小卫星数量已经超过 2 000 颗，其广泛应用于遥感、通信、技术试验等领域，成为空间系统的重要组成部分。回顾现代小卫星 20 多年的发展历史，其共经历了五次的发展浪潮。

1. 现代小卫星的兴起（1995—2000 年）

20 世纪七八十年代是大卫星迅速发展的时期。进入 20 世纪 80 年代末，国际专业宇航公司提出采用"更好、更省、更快"的理念研制小卫星。

20 世纪 90 年代中期至 20 世纪 90 年代末，现代小卫星经历了第一次发展浪潮，此即现代小卫星的兴起阶段。在这一时期，国际上以英国萨瑞卫星技术公司（SSLT，以下简称"萨瑞公司"）、美国轨道科学公司（OSC，现已更名为轨道–ATK 公司）等为代表，大力推动微电子、计算机技术等新技术在小卫星中的应用，开发技术性能高、经济成本低、研制周期短的现代小卫星产品，现代小卫星成了一种新兴的卫星类型。该时期具有代表性的小卫星产品包括萨瑞公司的"萨瑞大学卫星"（UoSAT）系列和"智利空军卫星"（FASat）系列小卫星。

中国现代小卫星的发展也起步于这一时期。

1996 年 8 月，中国空间技术研究院正式启动了"CAST-968"平台的开发和"实践-5"科学探测与技术试验卫星的研制，由此拉开了中国现代小卫星的发展帷幕。1999 年 5 月 10 日，"实践-5"卫星成功发射，验证了我国第一个小卫星公用平台。

2. 高性能小卫星的发展（2000—2005 年）

进入 21 世纪，现代小卫星由于技术含量高，加之自身具有一系列的应用优势和可持续发展的产业特征，逐渐得到世界各国政府和宇航技术开发机构的高度重视，小卫星技术和产品发展十分迅速，现代小卫星经历了第二次发展浪潮，即高性能小卫星的发展。

在这一时期，小卫星平台和载荷技术的发展进入加速期。国外，以光学遥感领域为代表，小卫星的功能和性能指标不断攀升，卫星的功能密度、寿命得到了大幅提升，实现了亚米级高分辨率和敏捷机动成像能力。美国在 2001 年发射的"快鸟-2"（Quickbird-2）卫星的质量为 951 kg，星下点地面像元分辨率达到 0.61 m（全色）/2.8 m（多光谱），平台控制具备高精度、高稳定度和高机动性；以色列在 2002 年发射的"地平线-5"（Ofeq-5）卫星的发射质量约为 300 kg，在 600 km 轨道高度全色分辨率可达 0.8 m。

在我国，呈现出工业界高性能小卫星和大学技术验证类微小卫星并驾齐驱的发展局面。中国空间技术研究院在 2000 年启动了"CAST-2000"高性能小卫星平台的开发。2004 年，"CAST-2000"平台首发星"试验-2"（SY-2）成功发射并应用。与此同时，中国空间技术研究院基于"CAST-968"平台研制的"探测双星"探测-1 和 2 分别于 2003 年和 2004 年成功发射，与欧洲航天局（ESA）的"星簇"（Cluster）卫星相互配合，形成了地球空间的六点探测星座。同时期，由清华大学、哈尔滨工业大学等国内高校研制的"清华-1""纳星-1""探索-1"和"创新-1"等卫星成功发射，在轨开展创新技术验证。

3. 业务化小卫星的应用（2005—2010 年）

随着小卫星功能和性能的不断提高，小卫星已经越来越广泛地应用于对地观测、通信、空间科学、深空探测和新技术试验等领域。2005—2010 年的 5 年间，全球发射的小卫星数量达 200 多颗，约占全球同期发射卫星总数的 50%，小卫星已经发展成为空间系统的重要组成部分，形成了以业务化小卫星应用为主要特征的第三次发展浪潮。

在这一时期，在技术进步的大力推动和应用需求的强劲牵引下，遥感小卫星的空间分辨率不断提高，商业遥感卫星市场发展迅速，以英国萨瑞公司主导构建的第一代全球"灾害监测星座"（DMC）为代表，形成了连续稳定运行的业务观测能力。在通信领域，随着第一代"全球星"（Globalstar）星座的补网发射和"下一代全球星"（GlobalstarNEXT）星座投入建设，通信小卫星星座的发展进入了一个新的高峰期。2010 年，"伽利略"（Galileo）导航系统（图 1–11）首批 14 颗卫星的研制合同签订，开启了小卫星在导航领域的发展和应用。

图 1–11 欧洲"伽利略"导航卫星示意

在我国，以中国空间技术研究院所属航天东方红卫星有限公司研制的海洋水色卫星"海洋–1B"、环境减灾光学卫星星座"环境–1A"

和"环境–1B"、技术试验卫星"实践–11"为代表的小卫星成功发射，并形成了切实的业务化应用。与此同时，航天东方红卫星有限公司启动了微小卫星平台"CAST–100"和小卫星平台"CAST–3000"的开发。2009年，我国首颗公益卫星——"希望–1"成功发射，验证了"CAST–100"平台技术。同时期，以"特种通信和技术试验–1"为代表的多颗技术验证卫星成功发射。

4. 体系化应用的成熟（2010—2015年）

经过20多年的发展，截至2014年年底，全球在轨小卫星数量达414颗，占同期在轨航天器总数的近1/3，形成了军（占比25%）、民（占比48%）、商（占比27%）齐头并进的发展局面，小卫星经历了第四次发展浪潮，即体系化应用的成熟。

在国外，在遥感领域，以法国"昴宿星"（Pleiades）为代表的新一代高性能亚米级分辨率光学遥感卫星成功发射应用，以美国"鸽群"（Flock）和"天空卫星"（SkySat）为代表的商业遥感星座大规模部署，开启了航天大数据时代的序幕；在通信领域，美国低轨通信小卫星星座开启了新一轮更新换代，第二代"全球星"星座已率先完成部署，第二代"轨道通信卫星"（OG2）星座首批6颗星成功发射，"下一代铱星"（IridiumNEXT）星座完成业务星组装；在导航领域，欧洲"伽利略"全球导航星座加紧部署，美国空军实验室与萨瑞公司美国分公司联合开展小卫星融入"全球定位系统"（GPS）星座系统概念论证。

在国内，以航天东方红卫星有限公司为代表，已成功发射并应用了近60颗小卫星，覆盖了对地观测、海洋监测、空间科学探测、技术试验等众多领域，形成了环境减灾系列、高分观测系列、海洋监测系列、技术试验系列、科学探测系列等门类完善的小卫星系列，全方位服务于我国经济社会发展和百姓生活，小卫星已经成为我国空间系统不可或缺的重要组成部分。

5. 细分市场的繁荣（2015 年至今）

进入 21 世纪的第 4 个 5 年，国际上现代小卫星技术的发展已有近 30 个年头，国内小卫星从"实践–5"卫星立项算起也走过了整整 20 年。伴随着技术的发展，小卫星应用市场也在不断成熟。从当前的发展看，以国家级用户、行业级用户、消费级用户为主体的细分市场正在形成。小卫星迎来了第五次发展浪潮，即细分市场的繁荣。

从国际上的发展看，小卫星的应用领域不断丰富拓展，在传统军、民、商市场持续快速发展的同时，面向大众的消费级应用市场成为新的增长热点。

国外新兴商业航天公司和商业航天计划项目大量涌现，重点瞄准高重访、大区域遥感数据获取，以及全球通信覆盖、互联网接入等大数据时代的应用需求，发展终端用户市场。同时，传统的大型宇航企业也在加速进入这一市场。如具有代表性的一网公司（OneWeb）的低轨宽带互联网星座项目，计划在 1 200 km 高度的轨道上部署 648 颗小卫星，提供全球覆盖，空客防务与航天公司（ADS）、国际通信卫星公司（INTELSAT）等传统宇航企业为其重要投资方及合作伙伴，目前该项目已进入实质性实施阶段。

在国内，面对日益细分的市场需求，小卫星系列也不断丰富完善。以航天东方红卫星有限公司为例，面向国家级用户、行业级用户和消费级用户等 3 类市场，目前已经形成了高性能、长寿命、应急响应、商业和皮纳等小卫星系列。2015 年，面向国家级、行业级高端用户市场的"CAST–3000"平台首发星——"高分–9"成功发射，标志着我国高分辨率、高性能卫星遥感时代的到来。与此同时，提供低成本解决方案的皮纳卫星系列的首发星——"希望–2"卫星组星成功发射应用，标志着我国皮纳卫星进入应用化阶段。在同一时期，"开拓–1""浦江–1""吉林–1"等一批引入创新体制和设计理念的小卫星已开展研制并发射成功。当前，以高端小卫星、皮纳卫星、商业化采购服务等为代表的细分市场正在加速形成。

6. 结束语

回顾过去，现代小卫星经过五次发展浪潮的洗礼，已经成为全球航天快速发展的关键驱动力量和空间系统的重要组成部分，在人类经济社会发展中发挥着重要作用。展望未来，面对卫星服务市场化的浪潮，小卫星的发展需要秉持创新驱动发展的理念，积极探索、开拓创新，迎接新征程的挑战。

四、立方体卫星的发展与应用

李晓宁 窦 骄 任广伟

（航天东方红卫星有限公司）

微型器件与部件、一体化多功能结构、空间即插即用、集成化综合电子等技术的发展及其在微小卫星上的大量应用，给微小卫星的设计带来了新的机遇和挑战。立方体卫星（CubeSat）是近年来微小卫星领域的热点，据统计，目前微小卫星发展最具活力的是立方体卫星，近年来微小卫星发射形成井喷态势，2013 年全球成功发射了 75 颗立方体卫星，2014 年全球共成功发射 103 颗立方体卫星。在国内，目前立方体卫星的实用价值还没有真正得到体现。为此，我们调研了近几年几种典型立方体卫星的发展情况，对立方体卫星的特点进行了分析，预测了立方体卫星的应用前景，立方体卫星在许多应用领域都有广阔的发展空间。

1. 发展概况

立方体卫星是在 1999 年由美国斯坦福大学 TomKenny 教授提出的一种新概念的皮卫星规范，即尺寸为 10 cm×10 cm×10 cm、质量约 1.33 kg 的 1U 立方体纳卫星；尺寸为 10 cm×10 cm×22 cm、质量约 2.66 kg 的 2U 立方体纳卫星；尺寸为 10 cm×10 cm×34 cm、质量约 4 kg 的 3U 立方体纳卫星。最早的立方体卫星于 2003 年 6 月 30 日发射，包括丹麦的"奥尔堡大学"（AUU）立方体卫星和"丹麦科技大学"卫星（DTUsat）、日本东京工业大学"立方体工程试验卫星–1"（CUTE–1）和"立方体小卫星XI–Ⅳ"（CubesatXI–Ⅳ）、"加拿大先进航天试验纳卫星–1"（CanX–1）和美国的"地震卫星"（QuakeSat）立方体卫星，共 6 颗。与传统的航天器相比，立方体卫星主要具有 3 个特点：

（1）标准化、模块化，产品的通用性强。目前，国际上有多家研究单位专门研制、生产和供应标准化、模块化的立方体卫星及其部件，因此缩短了其研制周期，而且功能易于扩展，能够快速满足任务需要，可即时需要，即时发射。

（2）以工业级器件为主研制。立方体卫星采用了大量微机电系统（MEMS）、商用现货（COTS）等先进技术，现代电子器件的设计和生产工艺与以前相比有了大幅提高，通用的工业器件能够满足部分应用型航天器的需求。

（3）易于组网，适应空间应用发展的趋势。立方体卫星体积小、费用低、发射方式灵活，一般可多星搭载发射，易于组成卫星星座，完成一些需要大量分布式卫星协同工作的应用和科学研究任务，譬如对地观测遥感卫星星座、通信卫星星座等。

随着微机电、微光电技术等微电子技术的不断发展，立方体卫星的性能得到了进一步的提高，卫星信息处理能力得到增强，上、下行带宽增大，控制精度提高，有效载荷能力增强，最重要的是可靠性得到了提高。立方体卫星关键系统现状及发展见表 1–2，立方体卫星关键性能参数见表 1–3。

表 1–2 立方体卫星关键系统现状及发展

技术	当前	5 年后	10 年后
推进系统	速度增量：15 m/s 应用：姿态机动、冷气系统	速度增量：300 m/s 应用：编队飞行、轨道机动	速度增量：1 000 m/s 应用：轨道平面改变、LEO 转变为 GEO
姿态控制	精度：1° 应用：成像 磁强计、地球敏感器、星敏感器	精度：≤0.03° 应用：目标成像 星敏感器、高可靠性微力矩飞轮	精度：≤0.001° 应用：激光通信
电源	1U:1.6 W 3U:10 W	1U:5 W 3U:20 W	1U:25 W 3U:100 W
通信（数据率）	1U:38.4 Kb/s 3U:256 Kb/s	1U:100 Kb/s 3U:1 000 Kb/s	1U:10 Mb/s 3U:10 Mb/s

表1-3　立方体卫星关键性能参数现状

序号	性能参数	当前性能	5年后	备注
1	总质量/kg	1.0	1.0	基于立方星标准定义
2	载荷质量/kg	0.4	≥0.4	保障系统小型化
3	总功耗/W	1.6	5	假设4个太阳帆板，3轴稳定
4	载荷功耗/W	0.5	1.6	总功耗的1/3
5	电池容量/Ah	3.6	4	可充电电池
6	数据率/（kb/s）	38.4	100	400 km轨道，10 mW辐射功率
7	指向精度/（°）	0.5	0.03	基于星敏感器参数和飞轮控制
8	速度增量/（m·s⁻¹）	15	300	以后考虑电推进

2. 近期典型的立方体卫星项目

根据任务特点，立方体卫星可以分为以下三大类：

（1）以空间科学研究和教学为核心目标。各大学设计建造的立方体卫星，如欧盟的QB50项目、荷兰代尔夫特理工大学的"Delfi-c3"、东京工业大学的"立方体工程试验卫星"系列等。

（2）以载荷任务为核心目标。例如，"鸽群-1"（Flock-1）遥感卫星星座、搭载生物实验载荷的"孢子卫星"（SporeSat）、搭载10 m²的太阳帆的"纳星-D"（NanoSail-D）。

（3）以新技术演示验证为核心目标。例如，进行空间网络技术演示验证的"爱迪生"小卫星网（EDSN）演示计划系列、进行交会对接技术演示验证的德州农工大学的"AggieSat-2"。

下面对QB50、鸽群-1、"爱迪生"小卫星网等近期典型的立方体卫星项目进行介绍。

1）QB50 项目

QB50 项目由冯-卡门流体动力学研究所（VKI）联合欧洲航天局（ESA）及高等院校多个研究机构共同提出，全称是"50 颗立方体卫星组成的用于开展低热层探测和再入返回研究的国际卫星网络"项目。该项目采用 50 颗 2U 立方体卫星组成空间网络，实现对低层大气的多点在轨测量，同时在星座中开展卫星再入大气层过程的一些相关研究。星座中各颗卫星的距离相差几百千米，每颗卫星均携带相同的传感器，并且在一些特定的卫星上开展一些技术验证：

（1）在 2 颗安装微推力器的 3U 立方体卫星之间开展编队飞行试验；

（2）在 1 颗 2U 立方体卫星上安装离格材料的热防护罩，验证卫星再入技术；

（3）在 1 颗 2U 立方体卫星上测试卫星和全球操作教育网络（GENSO）地面站的数据链接质量；

（4）γ-卫星，在 3 颗 2U 立方体卫星之间验证星间通信；

（5）在 1 颗 3U 立方体卫星上进行大气和空间环境监测试验；

（6）在 1 颗 3U 立方体卫星上进行 GPS 信号测试；

（7）在 1 颗 3U 立方体卫星上进行微重力环境下的生物试验；

（8）在 1 颗 3U 立方体卫星上进行空间碎片的离轨试验。

所有的 50 颗纳卫星将由俄罗斯的"静海-2.1"（Shtil-2.1）火箭一次发射，届时由国际空间教育部发起的、促成其成员教育机构教育事项合作的全球教育网络将全面运行，将在世界各地建立 100 多个地面站，将为所有立方体卫星提供近似连续的上行和下行通信能力。

2）"鸽群-1"星座

2014 年 1 月 9 日，"鸽群-1"搭载美国"安塔瑞斯-120"（Antares-120）火箭发射升空，"鸽群-1"由编号为"鸽子-5～32"（Dove-5～32）共 28 颗立方体卫星组成，是目前世界上最大的遥感卫星星座。卫星轨道高度为 400 km，倾角为 52°（涵盖人类主要活动区域、农业区域和商业区域），分辨率为 3～5 m，由"国际空间站"在轨部署。

3）"集群"计划

"集群"（Colony）计划由美国国家侦察局（NRO）启动，主要利用立方体纳卫星作为空间试验平台进行新技术验证，卫星采用"集群-1"和"集群-2"立方体卫星平台。2008 年，美国国家侦察局从帕姆金公司（Pumpkin）订购了首批 12 颗"集群-1"平台；2010—2011年从波音公司订购了 20 颗"集群-2"平台。

美国国家侦察局立方体卫星计划初期将对高光谱传感器、标准化姿态控制系统、无线电频率模块和无结构（structureless）天线阵技术进行技术验证。2010 年 12 月 8 日发射的立方体卫星试验-1、2（QbX-1、2）是美国国家侦察局"集群-1"计划的首批 2 颗 3U 纳卫星，采用"集群-1"平台，完成低速调制解调器通信试验和特高频（UHF）通信试验。2012 年 9 月 13 日发射的美国国家侦察局的"伊尼亚斯"（Aeneas）3U 立方体卫星也采用"集群-1"平台，质量为 4 kg，用于集装箱货船信息采集和下一代抗辐射加固处理器在轨试验。

4）"孢子卫星"

"孢子卫星"于 2014 年 4 月 18 日由"龙"（Dragon）飞船运往"国际空间站"，其轨道为近圆轨道，高度为 400 km，倾角为 51.6°。

"孢子卫星"是体积为 10 cm×10 cm×34 cm、质量为 5.5 kg 的 3U 立方体卫星。其姿态控制由永磁体和具有磁滞的特性棒来实现。通信系统采用 S 频段和业余无线电爱好者的频段，S 频段链路采用商业的 MicrohardMHX-2420COTS 通信机；UHF 工作频率为 437.100 MHz，信标每隔 5 s 发送 1 次 AX.25 数据包。

"孢子卫星"借助 3 个"片上试验室"设备完成试验。该设备通过实时测量在不同人造重力条件下的钙离子聚集度水平等信号，来研究重力场对蕨类植物孢子的影响。

5）NASA"爱迪生"小卫星网计划

2012 年，美国 NASA 启动了"爱迪生"小卫星网计划，目的是演示验证立方体卫星星座适用于更广泛的商业科学研究等载荷的潜在价值。每颗卫星搭载相同的载荷，用于测量宇宙辐射。

"爱迪生"小卫星网由 8～12 颗 1.5U 立方体卫星组成空间编队飞行网络，分两组部署在轨道高度为 450～550 km 的近地轨道，轨道倾角为 98°，寿命不小于 60 天。星座具备星地和星间通信能力，分别采用 UHF 和 S 频段。UHF 频段码速率为 9.6 Kb/s，数据量为 5.76 MB/10 min；S 频段数据码速率为 38.4 Kb/s，数据量为 11.52 MB/5 min。每颗卫星的质量为 2 kg，体积为 10 cm×10 cm×15 cm。NASA 计划在后期将其提升为 3U 以上的立方体卫星，运行寿命提高到 4 年以上。

6）国内立方体卫星的现状

目前，我国对于立方体卫星还处于前期的论证和研究阶段，具有类似设计理念的卫星也已发射成功。

2010 年 9 月 22 日，浙江大学发射了"皮星–1"卫星，卫星未采用标准的立方体卫星结构，尺寸为 15 mm×15 mm×15 mm，质量为 3.5 kg，整星正常功耗为 3.5 W，主要采用工业级器件。其飞行试验证了星上装载的半球成像全景光学相机、微机电系统加速度传感器和角速度传感器在空间环境条件下的适应性。另外，其也对 GaAs 太阳电池在空间环境中的性能进行了相关试验测试。

另外，我国西北工业大学、浙江大学、哈尔滨工业大学、国防科技大学、南京理工大学、北京航空航天大学等 6 所高校参加了 QB50 项目，西北工业大学作为 QB50 项目的亚洲区唯一发起单位和亚洲区总协调单位，除了自己研制一颗立方体卫星外，还负责完成 QB50 项目亚洲区的任务控制中心的建设任务。

3. 应用前景与挑战

1）应用前景

（1）教学与科学试验。

在工程培训和大学教育方面，立方体卫星发挥了巨大作用，加速了先进科学技术向工程应用的转化进程，促进了产学研结合。近年来，国外宇航专家又出了"口袋立方体"（PocketCube）卫星概念，并已在2013年完成多次发射。以立方体卫星发展现状推断，"口袋立方体"卫星也必将具有广阔的应用前景。

（2）军事应用。

立方体卫星具有潜在的军事应用价值，具有功能扩展性好、可快速组网、生存能力强、系统可靠性高、实用灵活方便、适合应急发射等优点，这些特点都非常适合应用于军事领域。譬如，2013年12月6日，美国成功发射了"战术卫星-6"（TacSat-6）立方体纳卫星，其质量为5 kg，主要用于测试战术通信技术。立方体卫星也可以用于执行子母星任务，从而实施空间态势感知和空间控制任务。一颗立方体母卫星可携带多颗立方体子卫星，这些子卫星以不同方式组合排列进行编队飞行，可以与其他太空资产对接，提供高质量成像，并完成对其他卫星进行监视、干扰和攻击等任务。

（3）空间分布式应用。

立方体卫星可通过星座组网、编队飞行等途径，显著提高系统的时间分辨率和覆盖区域。通过对星座卫星的分布式灵活部署及在轨重构，可大幅提高空间系统的生存能力和空间体系的弹性。星座多星、多任务和多模式综合应用形成新的工作体制，可实现单颗卫星难以实现的功能和性能。目前，国外在遥感、战术应用、通信、科学试验等领域均提出了大规模的立方体卫星星座计划。空间分布式应用已经成为立方体卫星发挥效能的重要途径，也是未来立方体卫星发展的主要趋势。

2）挑战

立方体卫星已经在技术试验、工程培训、商业应用等各方面发挥了重要的作用，未来也将发挥更重要的作用。

立方体卫星的应用还面临着几方面的挑战：

（1）由于使用的器件微型化，立方体卫星的发展主要依赖于微机械，微电子，以及材料、工艺等基础技术的发展。能否解决卫星的可靠性问题是制约立方体卫星进一步走向实际应用的关键，因此在使用新技术的同时，应关注和提高卫星的可靠性，为立方体卫星的进一步发展奠定技术基础。

（2）随着立方体卫星发射数量的不断增加，空间碎片的危险性也在增加，因此必须同时开展有关立方体卫星空间碎片清理的研究。

（3）立方体卫星的质量仅有几千克，大大限制了对成熟载荷的选择范围，对电源功率、通信距离以及推进效能也是极大的约束，因此，其还需要发展新技术才能得到更广泛的应用。

第二章

小卫星应用的多个领域

一、立方体卫星应用发展研究

何慧东

（北京空间科技信息研究所）

立方体卫星自概念提出以来取得了快速的发展，从早期的技术试验发展到如今的大规模商业应用。目前，每年发射的立方体卫星数量保持在 100 颗以上，并保持快速增长的趋势，全球有超过 100 家研究机构、公司、学校研制或正在研制立方体卫星。

立方体卫星（CubeSat）的概念在 1999 年由加州州立理工大学（CalPoly）和斯坦福大学联合提出，目的是提供一种标准的纳卫星设计，从而降低成本、缩短研制时间，以便于发射入轨，并保持较高的发射频率。立方体卫星每个标准尺寸单元称为 1U，其内核尺寸为 10 cm×

10 cm×10 cm，质量不超过 1.33 kg，卫星可以按照一定的规则进行规格递增，常见的立方体卫星规格包括 1U、2U、3U、6U 等（图 2-1）。

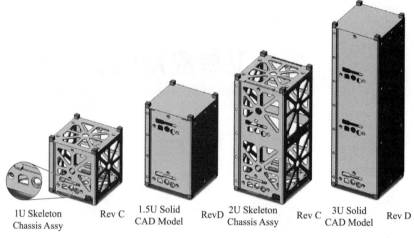

1U Skeleton   Rev C   1.5U Solid   RevD   2U Skeleton   Rev C   3U Solid   Rev D
Chassis Assy   CAD Model   Chassis Assy   CAD Model

图 2-1　常用立方体卫星规格

由于立方体卫星技术能力的提升，其研制发射成本低、标准化、生产应用周期短、可批量化生产的特点逐渐展露出来，立方体卫星的应用也日渐增多。现在，立方体卫星已经超越了过去其技术试验卫星的定位，在对地观测、通信、科学与技术试验等多个应用领域都发挥了独特的作用。

1. 立方体卫星发射情况统计分析

自 1999 年提出立方体卫星的概念以来，立方体卫星取得了快速的发展。截至 2016 年 6 月 30 日，全球共发射立方体卫星 481 颗，从应用领域看，对地观测卫星 191 颗、通信卫星 20 颗、科学卫星 41 颗、技术试验卫星 151 颗、工程教育卫星 78 颗。对地观测和技术试验是两个最大应用的领域，总共占发射数量的 70% 以上（图 2-2）。

从历年发射数量上看，2002—2012 年，立方体卫星发射数量稳步增长，从 2013 年起出现大幅增长，并保持在历史较高水平。从运营商类型和卫星用途看，所有 481 颗卫星中，军用卫星 55 颗、民用卫星 45 颗、大学 158 颗、商用卫星 223 颗。商业公司和大学是立方体卫星的两大类运营商，其卫星数量占总数的近 80%。

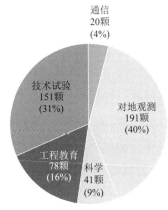

图 2–2　立方体卫星应用领域分析（截至 2016 年 6 月 30 日）

从立方体卫星的规格看，1U 以下立方体卫星 2 颗、1U 卫星 140 颗、1.5U 卫星 33 颗、2U 卫星 24 颗、3U 卫星 279 颗、6U 卫星 3 颗。1U 和 3U 立方体卫星占绝大多数，达总数的 87%。

2. 立方体卫星应用现状

1）对地观测领域实现业务应用

对地观测是立方体卫星目前取得最大发展的领域，已经从能力试验阶段发展到了业务应用阶段。相对大型高分辨率对地观测卫星，立方体卫星在空间分辨率、指向精度、数据传输速率等性能上存在较大差距，但由于其成本低、研制周期短、可批量部署的特点，组成星座后系统具有全球覆盖、高重访率的特性，对于需要对各种参数进行日常监测的用户而言具有很大的意义，因而，对地观测立方体卫星取得了快速的发展，全球各公司提出了"鸽群"（Flock）、"陆地制图"（Landmapper）、"Perseus–O"、"狐猴"（Lemur）、"PlanetiQ"等星座计划。

美国行星（Planet）公司是在互联网理念的驱动下创建的新兴商业航天公司，其商业运营的核心是利用低轨道星座采集全球近实时更新数据，提供气候监测、农作物产量预测、城市规划和灾害等领域的相关数据分析服务，而非传统的微纳卫星制造和图像销售业务。

行星公司开展了大规模的"鸽群"系列对地观测卫星制造、部署和应用（图2-3）。行星公司的主要业务是设计和制造3U立方体卫星，构建低轨遥感星座，获取全球近实时更新的中分辨率遥感卫星图像，并提供数据分析和处理服务。"鸽群"星座单星采用3U立方体卫星设计，尺寸为10 cm×10 cm×30 cm，具有可展开太阳翼，质量约为5 kg，运行在300～800 km高度的低地球轨道，光学成像分辨率为3～5 m。截至2016年6月30日，行星公司进行了3次试验性发射，将4颗"鸽子"（Dove）技术试验卫星送入轨道，并进行了11次业务星发射，成功发射了135颗"鸽群"业务卫星。

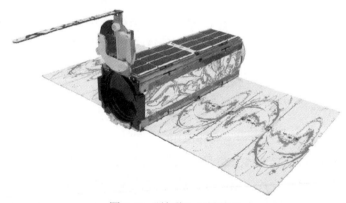

图2-3 "鸽群"卫星外形

天鹰航天公司（Aquila Space）计划建设由30颗立方体卫星组成的陆地制图（Land mapper）星座，其中包括10颗6U的"乌鸦–广覆盖"（Corvus–BC）卫星和20颗非标准的16U的"乌鸦–高清晰"（Corvus–HD）卫星，卫星的设计寿命为5年。"乌鸦–广覆盖"和"乌鸦–高清晰"两种卫星能够充分互补，"乌鸦–广覆盖"卫星的地面采样分辨率为 22 m，卫星每天可覆盖 4 000 万平方千米的土地，用于重访感兴趣的区域；"乌鸦–高清晰"卫星的分辨率为 2.5 m，具有在蓝、红、绿、近红外、红外 5 个谱段成像的能力，卫星成像更清晰，但幅宽略窄，每天能够覆盖 900 万平方千米土地，能够对感兴趣的区域进行确认。天鹰航天公司负责"乌鸦"卫星的制造，"陆地制图星座"计划在 2016—2019 年期间以 2～4 颗为一组发射进入轨道，"陆地制图星座"建设完成后将每天产生 2TB 的数据，数字宇航公司（Astro Digital）负责对传回地面的数据进行处理和分析。

螺旋公司（Spire）的主要业务是研发"高频率、高精确度"的气象卫星系统，利用卫星收集数据，提供商业气象和海事服务。螺旋公司计划利用"狐猴"（Lemur）星座收集天气数据，填补美国天气数据的空档。"狐猴–2"系列卫星是 3U 立体卫星，单星质量为 4 kg，卫星的轨道高度低于 650 km。"狐猴–2"卫星搭载有 STRATOS 无线电掩星有效载荷和 SENSE 自动识别系统（AIS）有效载荷。"狐猴"卫星利用 STRATOS 载荷记录并定期提供全球范围内高保真的温度、压力、湿度等数据，把这些数据输入气象模型，就能得到精确的天气预报。目前，螺旋公司共发射了 12 颗"狐猴–2"卫星，按计划该公司要将星座规模扩大到 100 颗以上，以改善气象预报的准确性。

2）通信领域初步具备应用能力

美国陆军实施了空间与导弹防御司令部–作战纳卫星效果（SDMC–ONE）立方体卫星计划，"SMDC–ONE"卫星为 3U 立方体卫星，尺寸为 10 cm×10 cm×30 cm，质量约为 4.5 kg，全部采用商用现货技术（COTS）器件，卫星的运行寿命超过 12 个月，使用了 UHF～VHF 波段的通信收发机。"SMDC–ONE"星座的目标是演示快速设计和研制军用低成本航天器的能力，验证地面无人值守传感器将数据通过"SMDC–ONE"卫星转发到数据中心的能力，以及为战术终端提供实时话音和短报文通信的能力。

空间与导弹防御司令部纳卫星计划（SNaP）是"SMDC–ONE"

的后续计划，"SNaP"卫星（图 2-4）采用 3U 立方体卫星设计，质量为 5 kg，数据率是"SMDC–ONE"卫星的 5 倍。此外，"SNaP"卫星具备推进能力，在天顶方向安装了 4 块可展开太阳电池阵，在天底方向有 4 个 UHF 频段天线。"SNaP"任务的目的是开发软件定义无线电，向偏远地区的用户提供超视距通信，增强对高价值信息的获取能力。

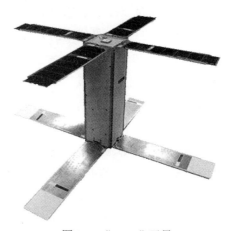

图 2-4 "SNaP"卫星

螺旋公司的"狐猴-2"星座同样也开展 AIS 海事应用。"狐猴-2"卫星上搭载的 SENSE 自动识别系统（AIS）有效载荷是其两大主要有效载荷之一，星座通过自动识别系统（AIS）跟踪全球海域的船舶，应用于海事搜救、打击海盗、打击非法捕鱼、贸易监控、全球供应链管理、港口管理、海洋态势感知、保险权责鉴定等。

丹麦 GOMSpace 公司的主要业务是制造纳卫星和立方体卫星，提供相关部件和分系统，并利用天基基础设施开展商业服务。GOMSpace公司于 2013 年和 2015 年先后研制了 2 颗广播式自动相关监视（ADS–B）立方体卫星——"GOMX–1"和"GOMX–3"（图 2–5）。"GOMX–1"卫星发射后更名为"天基监视全球空中交通感知和优化系统"（GATOSS），采用 2U 立方体卫星规格，质量为 2 kg，卫星携带了高灵敏度的软件定义无线电（SDR）有效载荷，能够接收跨洋航线飞机发射的 ADS–B 信号，提供对全球空中交通状况的感知能力，并为空中交通管理提供支持。"GOMX–3"卫星采用 3U 规格，将演示 ADS–B 信号接收能力。

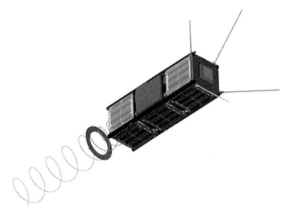

图 2–5　"GOMX–3"卫星

Dunvegan 航天系统公司（DSS）正在开发比特卫星（BitSat）（图 2–6）通信卫星星座，星座由深空工业公司制造，包括 24 颗 3U 立方体卫星，每颗卫星的质量为 4 kg，最大功耗为 18.5 W，运行寿命为 5 年，采用 S 频段通信，数据上行和下行速率达 1 Mbit/s。卫星每次过顶能够与地面站维持 15min 通信，每天每颗卫星对地面站过顶 4～14 次，平均一天 24 颗卫星将对全球地面站过顶超过 100 次，提供连续的全球覆盖。根据计划，卫星将在 2017 年开始发射，首先部署 4 颗卫星，之后逐步部署后续卫星。

BitSat 星座基于开放平台设计，重点提供空间通信、数据处理、存储和广播能力，这种模式将扩展天基云计算的应用范围。金融是 BitSat 星座的一个重要应用，系统针对比特币和密码通信进行了优化，每颗卫星都能够在轨保持整个区块链，保存比特币的完整交易记录，并作为重要的节点为地面比特币网络提供备份。BitSat 星座还能为付费用户提供专用数据存储和通信服务，用户将敏感数据存储在 BitSat

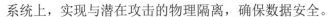

系统上，实现与潜在攻击的物理隔离，确保数据安全。

图2-6　BitSat卫星

　　随着微电子技术和通信设备的快速发展，立方体卫星已经初步具备了通信应用能力。相对大型地球静止轨道通信卫星和其他中、低轨道通信卫星星座，立方体卫星的通信能力存在明显差距，但其具有快速响应发射部署等特点，适用于为战区提供军事通信服务，且占据了通信市场的细分领域，例如专用存储和通信网络、AIS、ADS-B服务等。这些市场的总份额相对较小，同时对通信能力的要求不高，使用立方体卫星系统具有更高的效费比，这也是促进通信领域立方体卫星发展的重要原因。

　　3）在科学和技术试验领域扩展应用范围

　　MinXSS是科罗拉多大学大气层与空间物理实验室（LASP）研制的科学卫星，任务重点关注太阳闪耀和活跃区，测量0.4～30 keV范围的软X射线光谱密度，分辨率优于0.15 keV。"MinXSS-1"卫星项目耗时4年，2015年发射至"国际空间站"，并在2016年从"国际空间站"释放入轨。第二颗卫星"MinXSS-2"计划于2017年发射至寿命更长的极轨道。

　　美国军事和民用航天机构都针对开展技术试验的微小卫星提出了

支持计划。美国国家航空航天局航天技术任务部（STMD）推出小卫星技术计划（SSTP），计划的主要目标是识别和支持新型小卫星系统和分系统技术的发展，提升小卫星的能力，重点支持全新的革命性的技术，提升其技术成熟度等级，并使用小卫星测试和验证未来可以应用于更大型卫星的相关技术和能力，降低最新技术的成本、风险、复杂性和研发时间。SSTP计划内的立方体卫星任务包括立方体卫星抵近操作演示验证（CPOD）、"爱迪生"小卫星网演示（EDSN）、综合太阳电池阵和反射阵列天线（ISARA）、节点（Nodes）、激光通信和遥感器演示（OCSD）、手机卫星（PhoneSat）等。大学纳卫星计划（UNP）由美国空军联合多家机构共同管理，支持各大学开展卫星设计与制造竞赛，UNP计划的目标是训练未来的航天领域从业人员，每个项目为期4年，支持大学开展小卫星的研发、集成和飞行测试。自1999年起，将近4 500名大学生和33个研究机构参与这项计划，UNP计划内的立方体卫星任务包括极立方体卫星（PolarCube）、低轨姿态相关机动和碎片监测仪器（ARMADILLO）。

"群落"（Colony）系列立方体卫星是美国国家侦察局（NRO）利用立方体卫星作为平台开展的新技术验证计划。美国国家侦察局首批订购了12颗立方体卫星，每颗卫星采用3U规格，尺寸为30 cm×10 cm×10 cm，质量为4 kg。计划的初期对高光谱传感器、标准化姿态控制系统、无线电频率模块和无结构天线阵技术进行验证，以降低侦查卫星的研制风险。

立方体卫星在科学和技术试验领域得到广泛的应用，包括空间物理探测、天文学研究、地球科学研究、太空生物学研究，以及新型系统、分系统、有效载荷试验等。利用立方体卫星开展科学应用，能够通过组网探测的方式提供全新的视角，同时在多个位置对某一参数进行测量，拓展科学应用的认识。立方体卫星还能够低成本、快速地为新技术提供在轨验证机会，降低研发风险，提高使用效益，提高技术的成熟度等级和可用性，促进新技术向应用方向发展。

48

3. 立方体卫星应用能力提升原因分析

1）立方体卫星填补各应用领域需求缺口

在对地观测领域，国土资源管理、气象预报、农业管理、火灾监测等应用需要对特定区域快速更新的数据，而对图像的分辨率要求并不高，立方体卫星星座具有高重访率，能在短时间内实现全球覆盖，能够满足这类业务需求。在通信领域，在山地区域通信信号可能被地形遮挡，作战部队需要借助战术通信卫星实现战区通信，立方体卫星具有快速响应能力，根据需要快速发射入轨并组成通信星座，在特殊区域提供通信能力，为现有卫星通信体系提供能力补充。在科学和技术试验领域，目前的发射机会有限，等待周期长，立方体卫星能够提供快速和价格低廉的入轨机会，便于各机构进行空间科学实验或提升相关技术和系统的成熟度。此外，大学等机构也有利用立方体卫星开展工程教育、培养航天技术人才的需要，学生能够通过参与项目获得直接的卫星设计、研制、运行的工程经验。以上这些需求缺口为立方体卫星的发展提供了重要契机。

2）立方体卫星的性能提升支持更多类型应用

随着微小型化技术的进步，立方体卫星单星性能取得显著提升，卫星供电能力从瓦级提升到十瓦级，星上处理器从 8～16 位单片机发展到 32 位芯片级处理器，姿态控制从被动控制发展到三轴稳定控制，轨道控制能力从无到有，通信系统从最早的 UHF/VHF 频段扩展到 S/X/Ka/激光等多个频段，数据率从 Kb/s 级提升到 Mb/s 级。尽管单颗立方体卫星效能相对大型卫星存在很大差距，但其效能的提高仍促进其作为平台开展多种应用。此外，通过部署立方体卫星星座，利用星座实现对多个位置的近实时探测，能够改变过去的探测模式，以全新的视角观测地球和人类的活动，提升对地球的认知，增加对重要活动和事件（船舶航行、飞机飞行、火灾等）的监测能力。

3）成本优势推动立方体卫星广泛应用

立方体卫星研制和运行成本低廉，例如"MinXSS-1"科学卫星的设计、制造、AIT 及运行费用为 100 万美元，而"OCSD"卫星的研发及运营费用约为 360 万美元。在发射成本方面，由于立方体卫星质量小，其发射成本也很低，例如火箭实验室公司（Rocket Labs）的电子（Electron）火箭发射 1U 立方体卫星的价格为 7 万～8 万美元，发射 3U 立方体卫星的价格为 20 万～24 万美元。小卫星产业链向更完整的方向发展，出现了火箭实验室公司、萤火虫公司（Firefly）等提供小卫星专用发射服务，以及 KSAT 公司、Leaf Space 公司等提供小卫星专用地面站，开展运管服务。立方体卫星能够以低成本方式获得配套服务，避免与大卫星竞争发射、运管、频率等资源。

4）政策环境良好支持立方体卫星推广

各国对立方体卫星的发展提供了良好的发展政策环境。美国国家海洋与大气管理局商业遥感管理事务办公室为商业遥感系统颁发许可证，目前已经为数十个立方体卫星计划颁发了许可证。欧盟出资支持了"QB50"计划，将一次发射 50 颗立方体卫星进入低地球轨道，实现对低热层大气（90～300 km）的探测。美国国家航空航天局还推出了立方体卫星发射计划（CSLI），通过此计划选择立方体卫星项目并在教育纳卫星发射任务（ELaNa）中发射入轨。新兴航天国家也借助立方体卫星开展技术试验等航天活动，新加坡发射了"维洛斯"（VELOX）系列立方体卫星，帮助大学生获取设计、制造和运行卫星的工程实践经验，同时验证平台各分系统和有效载荷的功能，进行星间通信演示。

二、微小卫星对全球商业模式的影响

罗雨微

（北京空间科技信息研究所）

随着私人航天企业将更多的纳卫星送入太空，新的图像正在塑造着美国的农田、北极航线，以及生活的各个方面。美国行星公司的卫星拍摄到发生在埃及托斯卡地区圆形麦田上的火灾，如图 2-7 所示。

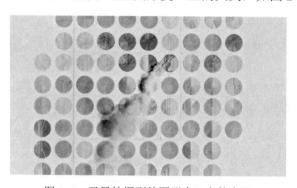

图 2-7　卫星拍摄到的圆形麦田上的火灾

与过去相比，太空距离人们更近了，类似美国行星公司和螺旋公司这样的企业正在将更多的遥感相机发射到太空，从埃及的麦田到南极洲的冰川，这些遥感相机为地球的每一个角落提供了前所未有的近距离实时观测。利用这些源源不断的数据和图像，这些公司可通过 6 种途经为当地不同行业提供更高的透明度和工作办事效率。

（1）在农业方面，许多公司利用卫星图像来预测每年的农业产量，预测通常集中在小麦、玉米和大豆等主要作物上，并产生有益于农民和商品交易商的预测数据。但位于美国加利福尼亚的一个小型初创公司——Vinsight 公司，决定将重点放在美国最有价值的两大农产品——

葡萄和杏仁——的预测上。公司创始人梅甘·努涅斯（Megan Nunes）认为，即便是美国农业部也没有对葡萄和杏仁的产量进行预测，因此把这项技术应用到此类有需求的领域是有意义的。这位创始人还提到，葡萄和杏仁种植户在预测季节性产量时通常会有 30%～40%的产量估计误差。Vinsight 公司利用机器学习能力，同时考虑位置、天气和历史产量等外部因素，其使用卫星图像技术为农民提供的产量预测精度是传统预测精度的 3～4 倍。努涅斯说，这些信息可以帮助农民节省劳动成本，预估他们的年收入，从而使他们与买家达成更好的交易。另一家 FarmShots 公司对遥感数据进行了更为深入的挖掘。该初创公司总部设在美国的北卡罗来纳州，分析特定农田和小块耕地，研究例如光吸收和土地海拔高度等因素来检测每块耕地上是否存在病虫害。FramShots 公司会在其所监测的农田出现问题时通知其客户，目前该公司正在建立其自己的识别算法，以便快速识别问题原因，例如真菌或水涝。通过和 John Deere 公司合作，FramShots 公司的技术已经被应用在拖拉机和其他农用设备上，因此这些数据分析结果可自动引导地面农用机械的操作。"你不会希望把肥料均匀地撒在地上"，FarmShots 公司的首席执行官 Joshua Miler 说，"我们通过生成一张地图来指挥农用机械的工作，让其对健康区域减少施肥量并对不健康区域增大施肥量。"

（2）在航运方面，立方体卫星时代到来之前，各国政府所有的卫星往往只覆盖地球上人口稠密的地区，而遥远的海洋角落则被遗落在观测盲区中。例如，北极航线没有被卫星或信号塔所覆盖，这就导致人们对在北极航线上的来往船只以及船只活动情况知之甚少。螺旋公司与国家地理空间情报局（National Geospatial-Intelligence Agency，NGA）以及鲍尔航天公司（Ball Aerospace）合作，共同监测这些盲点区域。"我们怀疑，在这些地方航行的船只数量比我们想象的还要多，"螺旋公司的创意与品牌总监尼克·阿兰（Nick Allain）说道，"这些船只究竟穿越了哪些水域？石油泄漏最可能发生在哪里？这些船只是否在盲区进行交汇并交换违禁物品？"本次合作将对这些信息进行收集，并提出防止黑市交易的办法，并为航运商提供更安全的北冰洋航线。在更遥远的南部，螺旋公司通过使用其自身技术来防止在印度洋上出现类似的危险情况。其与印度尼西亚政府合作，通过限制水域中的船只来减少非法捕鱼活动，且该公司目前正在测试一种新功能，该功能可通过渔船在海上的航行线路来检测该船只捕捞了哪种鱼类。"通过观察船只航行线路，你可以说：'等等，他们不应该去捕螃蟹，他们应该去钓金枪鱼，'"阿兰说，"这在以前是很难跟踪到的。"螺旋公司也为海盗预测公司提供数据，帮助它们注意海洋中的危险点。

（3）在紧急事件响应方面，当灾害发生时，卫星图像可能是政府和援助组织评估损失和开展救灾工作的重要工具。截至目前，行星公司已将近 150 颗卫星送入太空，该公司利用这些卫星拍摄的照片绘制灾害发生前后受影响的地区图像，从而帮助相关人员快速识别阻塞路段或重要建筑，如被毁的学校、医院。行星公司重大计划负责人塔拉·奥谢（Tara O'Shea）说："这些图像确实能提高响应工作的效率和效果。派人进行实地考察是非常费时费力的，我们利用卫星图像就能完成任务而不用再派人去进行考察。"在飓风袭击海地之后，该公司立即采取行动，制作了海地发生海啸前后几天内的地图。在那段时间，行星公司决定组建一个专门的灾难响应团队。许多救援组织或社团没有专门人员负责图像处理，也没有地理空间分析能力，而这对于将卫星图像转换成有用信息是非常重要的。塔拉·奥谢说："地面人员仅需要一个简单的、便于粘贴和携带的 PDF 文件。"为了将这些资料更快地提供给第一响应者，行星公司与数字人文网络公司（Digital Humanitarian Network）合作，在全球范围内招募了大约 20 名志愿者，这些志愿者在接受行星公司的相关培训之后正式上岗，时刻准备对灾害作出响应。

（4）在环境研究领域，卫星应用对研究人员来说几乎是无止境的，他们能够监测地球上所有的变化——从亚马逊的森林采伐到每年热带植物的开花。行星公司着手实施了一项新计划，该公司将其数据平台向所有大学的技术人员开放。从斯坦福大学到奥斯陆大学的科学家都使用了行星公司的影像和数据，如降雪量和海平面高度等数据。科学家们使用这些数据跟踪了格陵兰岛雅各布冰川（Jakobshavn glacier）的冰河运动轨迹，该冰河以每年向海洋中释放大量的冰而闻名世界。行星公司的项目管理者乔·麦卡洛（Joe Mascaro）说："这是一个需要仔细观测的区域，是目前全球关注的热点"。麦卡洛说，另外一个研究人员正在利用行星公司平台，在印度通过调查阿拉伯胶树的健康和污染，研究外来入侵蚂蚁对物种的影响。Orbital Insight 公司在该领域采取主动出击的策略，该公司通过与世界资源研究所（World Resource Institute）进行合作，密切注意森林采伐动向。该公司希望能在森林采伐开始前阻止其发生。

（5）在国家安全领域，美国国防部拨付给笛卡儿实验室（Descartes Labs）图像分析公司 150 万美元，这笔资金用于研究中东和北非的食品安全。公司共同创办人和 CEO 马克·约翰逊（Mark Johnson）说："美国花费了大量的资金来调查农民，而发展中经济体并不会在调查农民方面花费任何资金。在中东和北非，人们靠种植粮食作物养家糊口，而不是像发达国家那样种植经济作物，没有向那里的人们提醒食物短缺的好办法。"对于补救措施，研究人员正在扫描乡间农田，以便先于社会政治风波之前，及时发现饥荒征兆。这使人们能更快、更容易和更经济地识别这类地区的危机并尝试阻止冲突的发生。约翰逊说："如果我们发现饥荒，就可以派出人道主义救助物资，而不是等待饥荒和动荡。如果我们分析这些区域的所有图像资料，我们就能在恰当的时间向合适的地点派遣人员。"

（6）在经济开发方面，Orbital Insight 公司与世界银行在 2015 年进行了合作，在斯里兰卡的一小片区域研究它的技术如何能够测量贫困率和经济增长率。两个组织正在墨西哥测试这项技术，利用卫星图像、机器学习和调查数据测算不同行政区域中生活在贫困线以下的人口数量。世界银行贫困署资深经济学家大卫·纽豪斯（David Newhouse）说："就精确性而言，在贫困调查中，传统家庭统计数据是确保准确性的黄金标准，但收集这些数据的成本非常高。"调查不经常进行，而且还常常不能准确地获取乡村的数据。纽豪斯承认，使用卫星图像分析一个像墨西哥大小的区域，其结果可能还不如家庭调查准确，但其在调查周期方面还是有优势的。墨西哥政府使用贫困地图指导社会基金的发放，但这些地图大约每 5 年才更新一次。世界银行资深经济学家卡洛斯·罗德里格斯–卡斯特朗（Carlos Rodriguez–Castelan）说："如果数据更新的速度更快，我们将能够更清晰地了解贫困人口数量的增减情况，并可以更好地了解这些贫困人口在哪些方面需要我们的援助。这些数据将成为帮助政府以更加细化的水平制定计划，向最需要帮助的人们进行投资的关键工具。"

三、国外对地观测小卫星发展研究

张召才　朱鲁青

（北京空间科技信息研究所）

2014 年，全球共成功发射 262 个航天器，其中成功发射小卫星（质量低于 500 kg 的卫星）162 颗，占全球同期入轨航天器总数的 61.8%，全球小卫星发射总数再创新高，其中对地观测小卫星的发展尤为活跃。

1. 小卫星数据统计分析

（1）美国的小卫星发射数量遥遥领先，日本的小卫星发射数量跃居次席。

从所属国家看，美国在 2014 年发射 90 颗小卫星，高居全球首位；日本发射 21 颗小卫星，发射数量增幅巨大，跃居全球次席；欧洲成功发射 14 颗小卫星，发射数量有所回落；俄罗斯的小卫星发射数量相对稳定。此外，中、小国家开始借助小卫星开展本国航天活动，如匈牙利、立陶宛和乌拉圭等国家均在 2014 年发射了本国首颗卫星，开始走向世界航天舞台，推动了航天技术在全球的普及，加深了航天在世界范围内的影响，在全球掀起了一场"轨道革命"。

（2）宇航公司的关注力度加大，新兴商业公司大量涌现。

从小卫星研制商看，宇航公司对小卫星的关注力度逐步加大，超越大学和科研机构，成为 2014 年度全球小卫星研制的主要力量。2014 年，全球共有 106 颗小卫星由宇航公司研制，占比达到 64.5%。一方面，以研制大卫星为主的宇航公司开始关注小卫星业务，如波音公司推出了"502 凤凰"（502Phoenix）系列小卫星平台。另一方面，国外近年又涌现出大量新兴商业小卫星公司，如美国天空盒子成像公司

（Skybox Imaging）、行星公司（Planet）等。这些新兴公司均提出商业小卫星星座计划，发展面向定制化需求的创新应用和商业运营模式，推动了全球范围内小卫星活动的发展与繁荣。

（3）业务型小卫星数量激增，对地观测成为主要驱动力。

从应用领域看，随着小卫星能力的不断提升，小卫星应用不再只局限于科学与技术试验，开始迈入业务化、装备化运营阶段，应用领域不断扩展，在对地观测、电子侦察、通信、空间攻防、空间目标监视、在轨服务、战术快响、空间科学探测、空间天气、深空探测等领域的应用能力稳步增长，并且已成为空间系统的重要组成部分。小卫星业务能力不断提升，在军事领域和商业领域的应用前景已获得各方高度关注。2014 年 6 月，美国航天基金会发布的《2014 年航天报告》指出："未来几年，一个可能的趋势是小卫星将占据更多的市场份额"。

2. 对地观测小卫星的最新发展

（1）美国低轨商用小卫星批量入轨，开启航天大数据时代。

在"新航天经济"的驱动下，美国大量硅谷 IT 企业开始进入航天领域，相继提出"小卫星、大数据""小卫星、大星座"商业计划，发展低轨新型商业对地观测系统。

2014 年 7 月 8 日，美国天空盒子成像公司的"天空卫星"（SkySat）星座的第二颗卫星"天空卫星-2"搭乘俄罗斯的"联盟-2"（Soyuz-2）火箭发射，进入倾角为 97.2°、高度为 623 km×637 km 的太阳同步轨道。"天空卫星-2"与"天空卫星-1"采用完全相同的设计方案，单星质量为 91 kg，设计寿命为 4 年，其星下点全色图像分辨率优于 1 m（"天空卫星-1"的分辨率为 0.9 m，"天空卫星-2"的分辨率为 0.95 m），多光谱分辨率为 2 m，成像幅宽为 8 km，并能够获取时长为 90 s、30 帧/s 的高清视频。其星下点视频分辨率为 1.1 m，标准覆盖范围为 2 km×1.1 km。截至 2015 年 9 月底，"天空卫星-1"和"天空卫星-2"均在轨工作正常。

2014年2月11～28日，行星公司首个运营级微纳卫星星座"鸽群-1"（Flock-1）陆续从"国际空间站"释放，进入高度约为400 km、倾角为52°的圆形轨道。"鸽群-1"星座由28颗3U立方体卫星组成，是当时全球最大的对地观测卫星星座，对地分辨率达到3～5 m。该星座于2014年1月7日搭乘轨道科学公司（OSC）的"安塔瑞斯"（Antares）火箭进入"国际空间站"，然后由"日本小卫星轨道部署器"（J-SSOD）释放入轨。截至2015年9月底，行星公司共发射了135颗卫星，其中101颗成功，34颗失败。

（2）欧洲萨瑞卫星技术公司的小卫星性能持续提升，发布视频成像卫星平台。

萨瑞卫星技术公司（SSTL）的"灾害监测星座"（DMC）的性能不断提升，规模不断扩大，开辟了多国合作共赢的低轨小卫星发展模式。自2011年质量为300 kg、分辨率为2.5 m的光学成像小卫星投入使用后，萨瑞卫星技术公司已研制出新一代质量为350 kg、分辨率为1 m的光学成像小卫星——"灾害监测星座-3"和首颗质量为400 kg、分辨率为6 m的S频段雷达成像验证小卫星。

其中，"灾害监测星座-3"已于北京时间2015年7月11日成功发射入轨。S频段雷达成像验证小卫星原计划于2015年第一季度发射，但发射日期后来被推迟，萨瑞卫星技术公司未给出发射推迟的原因及新的发射日期。萨瑞卫星技术公司发布了新一代视频成像卫星平台，2014年4月，萨瑞卫星技术美国公司（SST-US）又发布了具有彩色视频成像能力的V1C型小卫星。V1C型小卫星设计紧凑，单星价格低于2 000万美元，能够获得高清晰画质的真彩色（红、绿、蓝）视频，星下点指向时地面分辨率优于1 m，地面幅宽为10 km，帧频高达100帧/s。V1C型小卫星具有任务可再配置能力，可以应用在一系列情报收集领域，如监视、探测和确认，面向需要快速获取和分析卫星数据的组织，提供快速变化的地面人群或基础设施的态势感知和实时情报（ABI）信息。根据卫星发射数量的不同，V1C型小卫星可构成多种不同的星座构型，如以 30~60 min 的时间间隔部署在同一轨道，以便在每天特定时段提供近实时的视频覆盖。

（3）日本发射新型通用平台首发星，最高分辨率优于 0.5 m。

日本积极推动对地观测小卫星技术发展，政府和商业公司联合研制并发射了具备新系统结构的"先进观测卫星–1"（ASNARO–1），高校则专注发展质量在 100 kg 以下微纳型对地观测卫星。

2014 年 11 月 6 日，日本利用俄罗斯"第聂伯"（Dnepr）火箭成功发射了采用新型高分辨率通用卫星平台的首发星——"先进观测卫星–1"。该卫星的质量约为 450 kg，全色分辨率优于 0.5 m，多光谱分辨率优于 2 m，幅宽为 10 km，星下点侧摆能力为±45°。"先进观测卫星"平台基于通用化架构和标准接口设计，采用 SpaceWire 协议，具有柔性化、开放式特点，能够搭载多种对地观测载荷，如高分辨率光学成像载荷、高分辨率合成孔径雷达、高光谱遥感器和红外遥感器等，可满足多种对地观测任务需求。"先进观测卫星"平台具有高分辨率、高敏捷、低成本、短周期和小型化的特点，能够快速响应用户需求，是日本未来发展低成本、低轨道对地观测系统的重要力量。

（4）韩国重视对地观测卫星长期规划，成功发射 0.5 m 级高分辨率对地观测卫星。

韩国一直非常重视对地观测小卫星的发展。2013 年年底，韩国政府发布面向 2040 年的《航天发展中长期规划》。根据该规划，韩国在对地观测卫星领域，未来持续研制并发射低轨道高分辨率光学和雷达成像的"韩国多用途卫星"（KOMPSAT）系列、静止轨道气象卫星及海洋与环境卫星。与此同时，韩国将研制 500 千克级、载荷多样的"下一代中型卫星"，以满足多样化的对地观测需求，提高时间分辨率。

2015 年 3 月 26 日，韩国利用俄罗斯"第聂伯"运载火箭成功发射了"韩国多用途卫星–3A"光学成像卫星。该卫星是"韩国多用途卫星"系列的第 5 颗卫星，是"韩国多用途卫星–3"的增强版，增加了红外成像能力，降低了卫星运行轨道，全色分辨率从 0.7 m 提升至

0.55 m，这使韩国成为世界上第 6 个拥有 0.5 米级光学分辨率卫星系统的国家。

"韩国多用途卫星–3A"的卫星平台由韩国航空航天研究院（KARI）研制，卫星成像载荷由空客防务与航天公司德国分公司研制，项目总成本为 2.12 亿美元。卫星发射质量约为 1 100 kg，直径为 2 m，高为 3.8 m，整星功率为 1.4 kW，设计寿命为 4 年，卫星运行于 528 km 高的太阳同步轨道。

3. 对地观测小卫星的创新应用

随着空间技术的发展和小卫星能力的提升，国外提出了大量"小卫星、大星座"概念，计划利用低轨小卫星星座提供近实时更新的大数据服务。尤其在移动互联网时代，信息技术与卫星应用结合，瞄准利益市场，催生颠覆式创新的商业模式和卫星应用模式。小卫星在军事应用方面也表现出"改变游戏规则"的巨大力量，成为美国、俄罗斯等大国发展军事航天能力的重要手段。

1）创新商业应用

对地观测小卫星创新商业应用的典型代表是美国天空盒子成像公司和行星公司，两家公司均由 IT 技术起步，并采用了颠覆式创新的商业模式，卫星系统设计也以满足其创新商业应用为前提。如天空盒子成像公司构建云服务平台，鼓励用户或第三方开发专业应用 APP，提供定制化服务；行星公司采用"永远在线"（AlwaysOn）工作模式，无须地面下达指令即可对陆地连续开机成像，确保全球近实时数据更新。

与传统对地观测系统相比，"天空卫星"星座和"鸽群"星座等以小卫星为主体的新兴商业对地观测系统呈现出一些新的技术特点与运营模式：① 卫星公司均是非传统航天企业，均以互联网企业自居，引入大数据、云计算等互联网理念，并提供在线数据浏览、直销和分发等业务；② 提供云服务平台，鼓励用户或第三方开发专业化应用 APP，尝试天基对地观测应用的近实时响应和定制化服务模式；③ 除提供天基对地观测图像数据外，还可提供变化监测信息，驱动对地观测应用从图像向信息发展；④ 系统重访周期高，对地观测数据更新快，能实现全球近实时观测，兼顾全球"热点"地区和"非热点"地区。

2）创新军事应用

当前全球范围内，以信息化为主要特征的新型作战模式强调力量资源集成，驱动军事航天发展开始转型，使小卫星获得广泛军事应用，推动航天装备从支撑作战向融入作战转变，缩短了从敏感器到指挥官的链条，提升了信息化条件下的网络中心战效能。

在国防部"作战响应空间"（ORS）计划主导推进下，美军通过"战术卫星–2、3、4"（TacSat–2、3、4）和"作战响应空间–1"等 4 颗卫星持续进行在轨验证与能力完善，已经发展了直接服务于作战用户的天基信息获取和传输能力，建立了成熟的小卫星融入作战概念。"作战响应空间"卫星融入作战的突出特点是缩短指控链条，直接服务战区。2013 年 4 月，美国中央司令部让前线指挥部队通过"虚拟任务操作中心"直接调度"作战响应空间–1"，获取了坠毁在偏远地区的直升机图像，实现基层指挥官——天基敏感器的端到端快速连接与直接应用，提升了作战能力。受"作战响应空间"计划的激励，美国陆军提出的"鹰眼"（KestrelEye）计划也以满足战区基本作战需求为发展宗旨。"鹰眼"星座用于向基层作战人员快速、按需提供近实时的战场图像数据，支持"即指即拍"（PointandShoot）作战模式，在 10 min 内完成从前方作战用户发出任务请求到分发图像的全部操作。

4. 结论

总体来看，小卫星的发展高度活跃，已成为世界航天活动的重要构成部分，并呈现出以下特点：① 大卫星小型化、小卫星微型化趋势明显；② 微纳卫星发展高度活跃，立方体卫星发展前景广阔；③ 小卫星业务能力不断提升，成为宇航公司业务发展的新增长点；④ 商用对地观测小卫星发展势头劲猛，催生全新的卫星应用模式和商业运营模式。此外，随着能力的不断提升，对地观测小卫星应用正不断孕育新模式。现代信息技术的广泛移植和应用，激活了小卫星应用市场。空间技术与大数据、云计算等技术深度融合趋势明显，加速了定制化卫星应用时代的到来。

四、立方体星座即将拉开美国气象卫星商业化市场的序幕

王景泉

（北京空间科技信息研究所）

随着社会的发展和科学技术的进步，对气象卫星数据的需求正在悄然发生着变化，其核心问题是以公益性为主的气象卫星数据分发向更精细的商业化气象卫星数据销售拓展。美国率先开发了利用导航卫星无线电掩星信号技术进行气象预报的卫星系统后，一些创业型公司看到这种系统的开发前景，正在大力开发这一新兴市场。立方体卫星星座则成为通过测量掩星信号用于气象预报的、首批进入商业市场的卫星系统。

1. 气象卫星数据从公益性向商业化拓展的时代要求

1）美国政府重视公益性气象卫星数据分发所面临的挑战

由于公益性气象卫星数据不能充分满足社会需要，多年来一直以公益性为主的气象卫星数据分发状况面临新的挑战，正处于改变的前夜。美国出现的新情况是，由国家海洋和大气管理局（NOAA）开发的、通过测量导航定位卫星掩星信号获得气象数据的卫星技术获得成功验证后，私营公司正在大力开发面向这种需求的立方体卫星星座。通过拥有、运行商业性气象卫星，销售商业气象数据，私营企业首先将在美国开拓联邦政府气象数据市场，这可大大改进数值气象模型，特别是将充分改进预报恶劣天气的能力，故受到很多经常遭遇恶劣暴风雨和飓风地区、行业的欢迎。其次，为了保护生命和财产而引发的、

对气象服务的潜在需求强大，相应的气象数据市场前景广阔。这也是那些初创商业公司努力发展这种立方体卫星星座所瞄准的市场目标。

美国众议院科学环境小组大力支持 NOAA 探索气象卫星数据商业化的途径。2015 年 9 月，NOAA 发布商业太空政策草案，这是 NOAA 向重视商业气象数据卫星公司服务并支持将这些气象数据集成到气象企业中的积极一步。显然气象卫星的发展前景正在改变，NOAA 需要开辟新的思路处理卫星气象环境数据，保证既要承担公益性的国际职责，又要对学术研究和下游气象企业提供足够的市场化的数据访问。NOAA 不再坚持所谓"全面政策"解释，特别是需要改变强调国际职责而完全不考虑培育新型、创新气象卫星数据资源的政策。国会要求 NOAA 应该重视新出现的商业力量，将商业性资源融进保护生命和财产的活动，培育新兴产业、降低政府成本、提升预报恶劣天气能力的综合性数据。说到底，这是要求 NOAA 采用多种途径将商业天基数据融进数值气象系统，开辟气象领域全新的商业市场。

天基气象数据开放性体系结构可提供更多、更好的数据，培育竞争，将纳税人的钱向私营部分分配，彻底开放对气象卫星数据的访问政策。近几年关于要求 NOAA 向商业部分投资的声音日渐强烈，特别是 2014 年下半年以后，关于 NOAA 如何向商业部分投资，人们进行了更多讨论。诸多私营投资公司出现，通过商业性"数据买卖"等形式推动气象数据商业化的开发。

2）新技术概念催生了气象卫星商业化的新途径

（1）测量导航无线电掩星信号技术的优势。

测量导航无线电掩星信号用于气象预报是近年出现的一种新概念，现在的问题是私营部门向气象预报需求部门提供这种无线电掩星信号数据是否比传统卫星系统提供气象数据更快、更便宜和风险更低。这种新概念立方体卫星星座的敏感器，观测的是 GPS 无线电信号通过大气层时的变化情况，以获得气象数据，因此也形象地被称为"GPS 掩星系统"。深入研究表明，这种无线电掩星信号测量系统是获得大气温度垂直廓线、对流层和平流层的水蒸气以及电离层的电子密度的相对简单和低成本的手段。测量这种导航信号变化的数据对于气象预报和研究、气候监视和太空气象预报、补充和增加 NOAA 联合极轨卫星系统等卫星气象探测系统功能等具有极高的价值。

在这种 GPS 掩星系统中，从用户角度看到的 GPS 卫星可能处于地平线以下。这时可进行一个定时试验，看 GPS 卫星信号用多长时间到达用户。信号穿越大气层的路径越长，需要的时间就越多。大气层中存在的电子会使信号放慢，大气层的湿度和温度也能使导航信号发生畸变。气象卫星若能测量导航卫星信号在大气层中传输时的上述变化过程，就可以推导出大气层的湿度和温度等气象数据，进而进行数值天气预报，这就是利用测量导航卫星信号的变化研究和预报大气气象的基本原理。如果 GPS 掩星气象卫星系统能够看到导航星座更多的卫星，就可在全球多种类型的地理位置上空大气层的各种高度上进行更综合的观测，获得全面变化的数据。而如果只利用红外图像，就不能获得大气变化结构性数据。若只采用地基探测器，虽然有助于提高垂直分辨率，但不能覆盖南极和海洋等影响气象的广大区域。使用测量 GPS 信号变化而获得的气象数据是最大规模的单独种类太空气象数据资源。如果在宁静的天气下，导航信号一次通过电离层，可能会有 0.6 m 的变化误差。但如果发生太空气象变化情况，就会出现半个篮球场大的数据变化。这样就可以通过测量 GPS 信号畸变，并应用各种电离层模型，实现较精细的气象预报。美国空军气象机构已将这种方法用于作战系统。

（2）GPS 无线电掩星信号系统的技术开发。

GPS 无线电掩星信号系统的概念和原理最初是在 1988 年由美国喷气推进实验室提出的。从 1990 年和 2000 年开始，NASA 和 NOAA 分别组织了关键技术开发。两个机构验证这一技术概念后，率先开发了第一个非商业的"气象、电离层和气候的星座观测系统"（COSMIC）。

利用这种测量 GNSS 无线电掩星信号的技术，提供大气情况的廓线，可有效地改进气象预报的精度。新的技术可以利用敏感器对穿越大气层的 GPS 信号进行观测，测量信号的折射，从中推导出大气温度和湿度廓线，再将这些信息融入气象预报模型，从而提高预报精度。实践证明，GPS 掩星观测是短期气象预报的有效手段。

当前出现的更新和创新的这种观测能力，是对政府拥有的气象卫星观测系统和相关数据管理的传统模式提出的新挑战。新系统还包括来自诸如个人蜂窝电话的气压数据等的观测数据，有助于暴风雨过程的进展情况；也包括其他天基技术，如那些生成的温度和湿度信息数据，都能在融入 GPS 卫星信号以后提升预报精度。

（3）需要政府对气象数据商业化的大力支持。

2014 年 12 月 31 日，美国众议院批准了一项法案，要求 NOAA 公布商业气象数据采购标准。但 NOAA 直到 2015 年下半年还没有公布商业气象卫星数据的质量标准。在美国众议院的压力下，NOAA 于 2015 年 9 月发布了商业空间政策草案，不太情愿地接受了国会的要求，表示尽快将来自私营部门的数据融入 NOAA 气象预报模型。

此后众议院科学委员会和其气象小组委员会负责人分别给 NOAA 局长写信，表示该政策草案没有提及数据购买标准，为此有关工业部门感到有阻力。尽管如此，商业空间政策草案仍然朝着 NOAA 采购商业气象数据卫星公司的服务并将其集成到气象部门业务中迈出了关键性的一步。真正开放的数据政策应将这种开放的数据标准作为共享公益和私营数据的关键，这样不但能使美国保持领先地位，还可以更好地保护美国及世界公民的财产和生命安全。

2. COSMIC 的开发验证

"气象、电离层和气候的星座观测系统"（COSMIC）是最早验证无线电掩星信号技术的气象卫星系统，于 2006 年 4 月发射部署。该计划证明这种新型卫星观测系统具有较高的效费比，成本比其他 NOAA 气象卫星系统低一个数量级。COSMIC 是一个由 6 颗卫星组成的星座，由美国和中国台湾合作部署，总投资为 1.2 亿美元，中国台湾出资 80%，美国出资 20%。美国部分由美国科学基金会、NASA、NOAA、海军和空军共同分担。

目前，COSMIC 中有 5 颗卫星还在正常工作，但所有卫星都超过了 5 年的设计寿命，预计今后几年其探测次数会逐渐减少，其结果是预报精度不断降低。为此人们正在计划后续系统 COSMIC-2，它由两部分组成：第一部分是由 6 颗卫星组成的赤道星座，于 2016 年发射，对飓风和太空天气预报有重大改进，对国防和平民生命财产保护有很强的支持作用；第二部分是由 6 颗卫星组成的极轨星座，能提供中纬度和极区的必要无线电隐藏探测，对全部气象预报均有改进，包括龙卷风、冬季暴风雪和飓风等的预报。该星座在 2016—2018 年发射。行星智能公司（PlanetiQ）为中国台湾研制的敏感器用于 COSMIC-2 时，能探测 4 个导航卫星系统（GPS、Glonass、伽利略和北斗）的信号。两种轨道的星座集成起来，每天将产生 10 000 条以上的探测信息，是 COSMIC-1 所产生的探测信息的 5 倍以上。新一代卫星采用更先进的掩星信号接收机和天线，实现了更强的探测能力。COSMIC-2 估计 10 年投资 4.2 亿美元，中国台湾、美国（空军和 NOAA）各投资一半，美国的投资主要来自私营部门。全世界的人员和机构可以自由使用 COSMIC-2 的数据，在美国和世界气象组织开放数据的政策下，其体现了对全球经济和生命、财产保护的支持。

正在开发同类卫星系统的行星智能公司和地理光学公司（GeoOptics）两家私营企业均表示，它们的系统可以比 COSMIC-2 更快、更便宜地提供相同的数据，以此向美国免费气象预报和开放式数据交换政策提出挑战。

3. 地理光学公司的研究工作

地理光学公司较早参与了 GPS 无线电掩星信号系统概念的研究。由于 2008 年市场上出现了这种气象数据价格的申请，NOAA 当时曾授予地理光学公司一项研究合同，完成了《GPS 无线电掩星信号数据商业提供的成本和可行性研究报告》。在报告中，该公司提供了广泛的研究结果，于 2009 年和 2010 年分别提交了价格和可行性研究报告。该报告建议，通过数据订购服务于客户，订购条款由购买授权决定，以适应客户希望的使用和分发要求，并保证所有数据满足技术标准、技术规范和要求的时间。由于研究的是商业途径，也提出了可防止资金和运行风险的措施。报告建议国家气象数据机构探索新的途径，以达到降低关键气象数据成本、避免数据断档、加速数据产生、保证在若干年内能交付必须数量和质量的无线电掩星数据等目的。

该公司计划在今后几年中研制 24 颗卫星，建立自己的导航卫星无线电信号隐藏测量气象卫星系统。

4. 螺旋公司的立方体星座

螺旋公司作为初创企业，于 2012 年成立，于 2013 年发射了首颗试验卫星。该公司主要向用户提供从立方体卫星获取的海事和气象数据。在 2014 年 7 月前，该公司名称为"纳卫星"（Nanosatisfi），2014 年下半年改称"螺旋"（Spire）。在称为"纳卫星"时，该公司已经发射了 4 颗验证性立方体卫星，其中"阿德萨特–1"和"阿德萨特–X"是 1U 立方体卫星，卫星携带开放资源软件，能支持普通公众会员进行天基试验。"阿德萨特–2"是 2U 立方体卫星，用于技术验证和地球观测。"狐猴–1"是 3U 立方体卫星，亦是技术验证器。

2015 年 1 月 29 日，该公司宣布，计划部署一个立方体星座，为政府和商业客户采集气象数据。其提供的数据可大幅提高气象预报的准确度。该公司不依靠政府或商业客户为建立气象卫星星座而投资。该公司研制的 3U 立方体卫星，装备使用 GPS 无线电隐藏数据技术的敏感器采集气象数据，这也是世界上第一个商业气象星座。

当美国国务院放宽了海外发射政策后，该公司的 4 颗立方体卫星率先在 2015 年 9 月作为搭载有效载荷，利用印度极轨运载火箭发射。

计划到 2017 年形成由 125 颗卫星组成的星座。由于对轨道没有特殊要求，故其可作为多种火箭的搭载有效载荷。特别是建成多颗卫星构成的网络，每个月都发射卫星，使系统的可靠性大幅提升，再也不会因为电源故障、太阳风暴或太空碎片等带来的单点故障而中断气象数据的提供。与通过在线地图服务获得方位信息类似，该公司也计划提供在线服务。

该公司和有立方体卫星研制经验的英国克莱德（Clyde）空间公司合作，在英国格拉斯哥建造卫星。该公司计划采用体积约为 10 cm×10 cm×30 cm、质量只有几千克的 3U 立方体卫星为业务卫星，这比"COSMIC-1"卫星或其他公司规划的卫星要小得多。

该公司计划向商业市场销售气象数据。客户之所以会购买数据，是因为购买精确气象预报数据存在潜在的巨大经济效益。建筑公司如果在错误的气象条件下灌注混凝土，就会造成巨大的经济损失，动力公司购电也和精确天气预报密切相关，因此如果能得到更精确的气象数据，估计全世界的公司每年可节省 2.5 万亿美元资金。精确的气象数据在海事船只的跟踪、紧急事件的快速响应、控制船只躲避海盗、处理非法捕鱼的干扰等方面也有数十亿美元的市场。

该公司计划研制更加先进的卫星对星座进行持续更新，大约每 6 个月把 1/4 的卫星更新一次。该公司还计划研发一个由 20 个地面站组成的地面网络，用来接收卫星数据。该公司还在开发面向利用微纳卫星数据帮助海事客户的技术，以开辟另一个有巨大潜力的市场，也就是利用自主识别系统（AIS）跟踪船只，包括跟踪船只、对紧急事件的快速响应、指挥船只清理海盗及打击非法捕鱼等。90%的全球贸易和船运有关，但贸易相关机构在 80%的时间中不知道贸易船只身在何处。全球卫星 AIS 将使上述情况大大改善。

抓住这一机会，在快速改变航天产业的过程中，不但对立方体卫星下游数据业务有很大的促进，也将使立方体卫星的研制能力得到快速提升。克莱德空间公司表示，为了支持螺旋公司的计划，其正在提升立方体卫星的试验能力，包括新购进专用热真空试验罐、振动台、热循环系统、姿态确定和控制系统校正设施及无线电频率试验设备等。

5. 行星智能公司

行星智能公司于 2012 年成立。这个名字的主要含义，是要在空间或科学工业中开辟新的技术领域，开创现在还没有的新事业，尝试使人类的大脑更强大，即训练大脑获得新的知识。

行星智能公司希望改进气象预报模型，建造专用于获取近实时、高质量气象气候和太空气象数据的商业卫星星座。这一构想的初期微卫星将携带称为"罗盘星座"（Pyxis）的新型敏感器，这是一种测量无线电隐藏信号的装置，能够有规律地飞越最低层的地球大气，该区域又是恶劣天气经常发生的区域，获得气象数据非常重要。行星智能公司所设计的星座，每天可采集数据 30 000 次，而且是均匀地、全球式地采集。后续卫星上的手段还将包括有源温度计、臭氧层、湿度微波光谱仪、下一代微波辐射计，目标是为形成精确的行星信息获取关键数据，处理后用于增强气象预报、太空气象预测和气候分析。

行星智能公司对政府投资的环境卫星计划的传统模式进行了剖析，认为这些模式由于过时的卫星显得陈旧，还遭受预算压力和计划推迟的影响，从而加大了数据的"关键缺口"，而且有关方面至今对这一状况缺乏认识。因此行星智能公司主张，由于地球正在受到逐渐增加的巨大威胁，如飓风、冬季暴风雪、洪灾和干旱的毁坏，必须立刻着手解决这一问题。

行星智能公司的星座由 12 颗卫星组成，每颗卫星载有 GPS 无线电掩星信号测量有效载荷。初期的星座分布在 6 条轨道上，每个轨道面上有 2 颗卫星。卫星围绕地球运行时，会获得一致的数据点分布。

行星智能公司的星座所采用的 6U 立方体卫星，装有星上推进系统，每颗星的质量为 10 kg。根据 2015 年 5 月宣布的合同，其由蓝色峡谷公司（BlueCanyon）负责研制，卫星的发射质量为 10 kg。

蓝色峡谷公司有大量美国政府计划的研制经验，以提供小卫星部件、立方体卫星而闻名。2015 年 4 月，蓝色峡谷公司曾获得合同，研制垂直排列纳米管辐射计评估小卫星（RAVAN）。

该公司已经和世界范围内的十几家公司、政府机构签订了卫星数据提供的意向书，这说明此事业有相当的市场潜力。该公司预计 NOAA 和空军将会购买更多的数据，其具有与"国家地理空间情报局"（NGIA）购买商业图像一样的潜力。

该公司初期曾经考虑过采用质量为 120 kg 的小卫星，转向立方体卫星的主要目的是不再设置实时数据中继系统，以解决电源不足和卫星太重的问题。新的系统将采用卫星地面站网络，但接收数据的延迟不会超过 90 min。该公司计划 12 颗卫星星座的第一批卫星将在 2016年 11 月作为印度极轨卫星发射火箭（PSLV）的搭载有效载荷发射，轨道高度为 750～800 km，倾角为 72°。这次发射的主载荷是印度的"资源卫星 2A"（Resourcesat2A），但发射日期可能从 2016 年年底推迟到 2017 年 1 月。6 个月后再发射 4 颗，再过 6 个月发射最后 6 颗，在 2018 年年初完成 12 颗卫星的星座部署。该公司还和印度太空研究组织（ISRO）讨论印方访问气象数据的问题。

除印度火箭外，行星智能公司也在考虑其他发射服务商的搭载发射。搭载需要服从主有效载荷，但必须确认轨道和时间表对"行星智能"星座来说是可行的。行星智能公司重点关注火箭试验室公司的火箭和维珍银河公司的"发射器–1 号"。

行星智能公司的主要商业模式是将数据销售给商业性气象预报公司。现在国际上有七八个公司在经营数值气象预报，都需要利用 GPS 无线电掩星数据精确模型。行星智能公司也密切注意政府机构的商业气象数据政策，寻求为政府服务的机会。商业气象市场公司当前遇到的一个困难是如何赢得客户，目前该公司已与美国和其他国家的 12 个政府或商业用户签订了合同。该公司以后可能提供基于气象数据的增值服务。

星座初步部署完成后，后续卫星将改用较低倾角的轨道，主要目的是覆盖地球上大多数人生活的地方，使探测的数据分布更加集中。

从运营的角度看，要确保将原始数据提供给用户，经过校正后能进入用户的气象预报模型。该公司的重点业务是大气物理，并侧重于热力学部分，要测量温度、压力、密度、电子数和电子密度廓线以及闪烁特性等。从宏观看，行星智能公司的目的是设法提供 7 天预报，取代现有的 3 天预报。目前多数天气预报实际上是建立了太阳与海洋表面的气象模型。采用 GPS 掩星技术，从地球表面到电离层顶部，每隔 100～200 m 就会有一个数据点，从而对获得垂直状况的了解，而其中获得云以下高度的信息是关键。地球表面大约 70% 被云覆盖，从云到地球表面有数千米的距离，属于边界层。该区域的物质是混合的，又是人类生活的区域，同时也是真正的气象状况发生的地方。

既然是商业气象数据获取，必须有 NOAA 的商业气象数据指导计划，其意义是评估商业气象数据在建模和气象预报中的潜在用途。NOAA 要通过竞争的方式，签订至少一份合同。2016 财年 NOAA 的拨款法案中就包括 300 万美元的商业气象数据引导计划的预算。显然，从产业或能力的角度看，这笔钱的数量很少，但人们希望在 2017 和 2018 财年会有更大数额的预算。即使如此，这笔钱也正在帮助产业的开发，扩大税源，帮助社会就业。正如商业遥感产业从 NGA 购买图像数据起步一样，政府也能获得很大利益。

行星智能公司还有新的设想，就是建立基金，免费向研究和教育用户提供数据。实际上行星智能公司也负有研究责任，因此需要确保获得的数据能用于研究更好的预报模型。有许多大学研究大气物理，如果让它们免费利用数据，就可以及时改进这些模型。好的模型是气象预报全面改进的基础。

行星智能公司最近参加了美国气象界关于"未来气象价值链"的讨论，人们在会议讨论中认为，气象服务之所以有商业化机会，是社会发展的需要，如规划飞机航线，应对飓风海岸，转移钻井平台，安排活动，风、雨对人们日常食物的影响等，故对气象现象发生的时间和程度都要求定量化。

2016 年 4 月，美国有议员提出了太空复兴法案，法案所涉及的国家安全、民用太空和商业太空三大部分中，商业太空是重要组成部分。提案特别明确提出，NOAA 作为政府管理部门，应该从 2018 年开始购买商业天基气象数据。如果该法案通过，其将大大促进测量导航信号隐藏数据的立方体气象星座的商业化发展。

五、国外典型立方体卫星的军事应用及启示

贾 平

（中国航天系统科学与工程研究院）

近年来，美、欧、日等国家或地区的立方体卫星已从演示验证和教学科研，发展到初期功能应用阶段，并开始探索挖掘立方体卫星的军事航天能力。

立方体卫星采用商业现货部件和标准化、模块化的设计，研制发射成本低、周期短。相较于其他小卫星，立方体卫星的标准化、模块化等优势使其更利于空间演示验证，通过验证后可直接转化为实际操作任务，综合成本更低，效率更高，而且发射灵活，可快速组网。因为其通常运行在低地球轨道（LEO），立方体卫星分布式空间体系可同时获得较高的空间分辨率和时间分辨率，可在战术侦察与通信、空间态势感知等方面发挥重要作用。美国国家侦察局（NRO）启动"集群"（Colony）计划，研制通用军用立方体卫星平台，用于验证情报、监视与侦察（ISR）等关键载荷技术。目前，已发射入轨的战场态势感知、战术通信和空间态势感知等立方体卫星，虽然均处于演示验证阶段，但未来将实现装备化运营。

随着空间即插即用、微型集成化电子等技术的发展，利用立方体卫星的上述优势与特点，补充当前以大卫星为主的空间网络，开始成为低成本发展军事航天能力的途径之一。通过典型项目分析国外立方体卫星的军事应用，提前谋划布局，对我国是否利用及如何利用立方体卫星，以及增强现有军事航天能力，都具有借鉴意义。

73

1. 可用于军事的典型立方体卫星

未来，立方体卫星以分布式空间体系形式应用，可实时感知战场和偏远地区的态势，帮助作战人员及时作出正确决策；极大提高空间网络的可靠性，即使部分卫星被摧毁，也能以较低成本快速发射补网。正在演示验证的立方体卫星推进系统技术具有逼近、操作、对接等能力，不仅能用于在轨机动补充缺失轨位，还可作为空间攻防使能技术，执行在轨侦察、守卫主星、清除其他卫星等任务。未来，立方体卫星战术支持技术一旦实用化，将有可能变革军用卫星的设计理念、体系结构、运行管理、研制和发射模式。

1）战术侦察："提高军事作战效能的空间系统"

2012 年 3 月，美国国防高级研究计划局（DARPA）提出"提高军事作战效能的空间系统"（SeeMe）战术侦察卫星项目，延续了"作战响应空间"（ORS）的发展思路，以 27U 立方体卫星实现低成本、高效地对 10°（S）～10°（N）区域的持续覆盖，具有 0.75～1.2 m 的空间分辨率。"提高军事作战效能的空间系统"将为美国偏远地区或超视距环境下面向最低作战单元（士兵）用户命令外发数据，通过智能终端按需近实时战术成像。最低作战单元采用智能移动终端定位目标区域位置后，发送直接指令至卫星，快速在目标区域响应成像，并通过终端快速接收近实时战场图像数据，从向卫星提出侦察需求到接收侦察数据，用时不到 90 min，免除战场态势从指挥部传递到最低作战单元的过程。

该项目在 2014 年完成了原型样机硬件对用户终端的无线电上行和下行链路的现场演示，进行了功能和环境试验，并建立了具有高容量、低成本卫星生产能力的首个太空工厂。目前，雷神公司（Raytheon）已将首颗"提高军事作战效能的空间系统"交付美国国防高级研究计划局，并计划于 2016 年搭载"猎鹰–9"（Falcon–9）火箭入轨。

"提高军事作战效能的空间系统"为美军发展军用作战小卫星成像

侦察能力作了技术储备，开启了应用立方体卫星从战略向战术成像拓展的新型侦察发展和应用模式，填补了利用大型侦察卫星获取图像数据的能力空缺。此外，千年空间系统公司（Millennium Space Systems）拟以 50 万美元的价格出售"提高军事作战效能的空间系统"卫星平台，可在收到订单后的 90 天内交付。该卫星平台在价格及交付时间方面的突破，将创造新的商业模式空间，使超低价星座任务成为可能。

2）战术通信："空间与导弹防御司令部–作战纳卫星效用"

2010 年 10 月，美军以"一箭多星"搭载发射方式部署了 2 颗 3U 立方体卫星"空间与导弹防御司令部–作战纳卫星效用"（SMDC–ONE）。这 2 颗卫星是美国陆军空间与导弹防御司令部（SMDC）的验证卫星，采用了"集群"卫星平台，是基于小型通信卫星星座演示快速设计和研制军用低成本航天器能力的技术验证项目，通过中继无人台站数据，实现实时战术"超视距"（BLOS）通信。该项目的首要目标是从地面发射机［无人值守传感器（UGS）］接收数据，通过"空间与导弹防御司令部–作战纳卫星效用"将数据中继至地面站［作战场景–1（OV–1）］；次要目标是将实时音频与文本信息数据从一个战场战术无线电系统（战术终端）中继至另一个无线电系统［作战场景–2（OV–2）］。2012—2013 年，美国共发射了 4 颗"空间与导弹防御司令部–作战纳卫星效用"卫星。

"空间与导弹防御司令部–作战纳卫星效用"的地面站有两种运行模式：一是指挥控制（C2）模式，二是无人值守传感器模式。大多数地面站职能皆可通过指挥控制模式实现，允许用户搜集卫星遥测数据、发送任务请求、检索中继数据，以及提取地面传感器数据。在指挥控制模式中，地面站以手工或自动脚本指令的形式发起与过顶卫星间的通信，这种模式中的典型操作包括向卫星请求信息或调度卫星运行，是一种卫星任务分配模式。无人值守传感器模式要求一个地面站作为指挥控制任务分配代理，另一个地面站仅作为被动的数据寄主，供过顶卫星从中读取数据。无人值守传感器模式中，所有卫星与地面站的通信皆由卫星发起。"空间与导弹防御司令部–作战纳卫星效用"运行方案如图 2-8 所示。

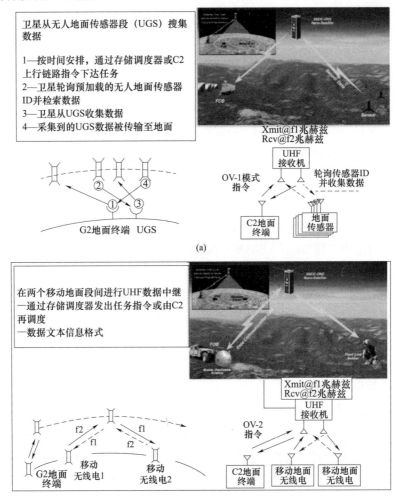

图 2-8   "空间与导弹防御司令部–作战纳卫星效用"运行方案

（a）卫星从无人值守传感器搜集数据；（b）在 2 个移动地面段间进行数据中继

UGS—无人值守传感器；C2—指挥控制模式；

OV-1—作战场景–1；OV-2—作战场景–2；UHF—特高频

3）空间态势感知："可操作精化星历表天基望远镜"

美国利用现有空间监视网数据推算出来的地球静止轨道（GEO）的空间目标定位精度只达到 1 000 m，空间碰撞预警的准确率非常低，无法满足需求。

"可操作精化星历表天基望远镜"（STARE）项目由美国国家侦察局发起，由海军研究生院（NPS）与劳伦斯·利弗莫尔国家实验室（LLNL）负责研发。其通过部署 3U 立方体卫星星座执行空间态势感知任务，以期增加感知敏感度和重访率，迅速察觉目标变轨情况，提升天基监视网的准确性。具体目标包括：联合美国空军太空司令部（AFSPC）的目录分析，观测预计经由重要太空资产的物体；将拍摄的目标图像和位置传输到地面；精化太空物体的轨道参数，降低位置评估的不确定性，提升联合太空作战中心（JSpOC）的分析精度，从而提升天基监视网（SSN）的能力。该项目拟将 GEO 空间目标的定位精度提高到 100 m，大幅降低空间碰撞误报率。

"空间与导弹防御司令部−作战纳卫星效用"项目的第一阶段仍进行技术演示验证，但技术成熟度已经达到 7 级，于 2012 年和 2013 年已分别部署了"探路者"（Pathfinder）立方体卫星的可操作精化星历表天基望远镜−A 和 B，第 3 颗可操作精化星历表天基望远镜−C 尚未部署；第二阶段即任务演示验证阶段，将再发射 5 颗卫星进行任务验证，总共至少部署 18 颗太阳同步轨道（SSO）卫星星座；第三阶段即运行阶段，将星座转交用户，可能是军方、政府或私营部门。任务运行过程：① 在利用美国空军太空司令部目录实施关联分析的基础上，观测即将接近太空资产的目标；② 向地面传输观测图像和观测位置；③ 细化太空目标的轨道参数，以减少位置评估的不确定性，提高关联分析精确度；④ 告知太空资产运行者可能发生的碰撞；⑤ 将太空资产转移到安全轨道内。

可操作精化星历表天基望远镜采用与"中段太空实验"（MSX）任务中"天基可视"（SBV）望远镜以及"天基空间监视系统"（SBSS）任务相同的"恒星跟踪"运行模式。只有一个位于海军研究生院的采用"集群"平台的卫星专用地面站（MC3）与"空间与导弹防御司令部–作战纳卫星效用"卫星通信，该地面站每天传输 2 min 共 9 600 bit 的数据量。卫星专用地面站通过广域网连接多个政府和大学节点，分发卫星搜集的数据；由用户输入指令安排；卫星通过某节点上方时，将通过通用地面架构（CGA）软件自动分配网络资源跟踪和传递数据/指令；美国国家侦察局立方体卫星项目办公室建议海军研究生院负责控制卫星专用地面站，协调所有安装在各所大学的卫星专用地面站节点。目前采用的模式为网络模式：搜集的数据及用户指令请求上传至海军研究生院批准，通过网络分派。未来将实现单机模式：由用户安排数据与指令传递。"可操作精化星历天基望远镜"地面运行模式如图 2–9 所示。

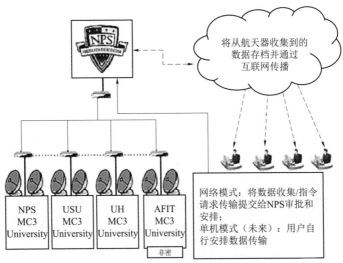

图 2–9 "可操作精化星历表天基望远镜"地面运行模式

NPS–海军研究生院；USU–犹他州立大学；UH–夏威夷大学；

AFIT–空军技术研究院；MC3–卫星专用地面站

4）空间对抗：立方体卫星逼近操作演示验证

"立方体卫星逼近操作演示验证"（CPOD）任务将利用 2 颗 3U 立

方体卫星演示验证交会、逼近操作与对接技术。该任务将对若干微型化、低功率航天电子技术进行验证与表征，将演示验证 2 颗小卫星保持确定相对位置的能力（定位能力），以及利用成像传感器和多发动机冷气推进系统进行精确绕飞和对接的能力。

发射后，2 颗立方体卫星将被同时释放入轨并接受检查，以确保具有良好的作业和机动能力。每颗卫星将使用自身的"天对地"数据链传输另一颗卫星的视觉图像，卫星内部数据链将在 2 颗卫星间共享全球定位系统（GPS）和其他数据。卫星将利用星上处理器以及制导、导航与控制（GNC）飞行软件，自动执行多次逼近操作试验。利用星上导航系统，立方体卫星可以围绕另一颗立方体卫星实施一系列绕飞机动，以验证并表征传感器系统。完成这些机动后，2 颗卫星将靠近并利用特殊装置进行对接。整个任务期间，可能尝试多次对接机动。

此外，绳系立方体卫星［"多用途可生存系绳验"（MAST）卫星（图 2-10）、"绳系卫星"（Tethersat）、"太空系绳自主机器人卫星"（STARS）］、太阳帆立方体卫星［"立方帆"（CubeSail）、"光帆"（LightSail）（图 2-11）］采用的空间对抗使能技术，亦可用于进攻性空间对抗。

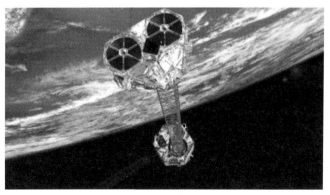

图 2-10 "多用途可生存系绳实验"卫星在轨飞行示意

图 2-11　"光帆"卫星在轨飞行示意

2. 几点启示

1）美国开始利用立方体卫星增强军事航天能力

（1）增强低成本空间快速响应能力。

立方体卫星采用模块化批量生产，周期短、成本低，选择运载器前即可进行或完成设计工作。在研的多种专用运载器和空中发射方案，将进一步增强快速发射入轨组网、补网能力。"作战响应空间"办公室研制的即插即用立方体卫星以及美国国家侦察局研发的通用军用立方体卫星平台，将进一步缩短生产组装周期。

（2）提升天基监视网的定位精度，增强现有空间监视能力。

利用立方体卫星星座增加感知敏感度和重访率，将 GEO 空间目标定位精度从 1 000 m 提升至 100 m，迅速察觉在轨目标变轨情况，提高空间碰撞预警的准确率，提早转移保护空间资产。

（3）提高实时战术通信与战场态势感知能力。

目前已研发部署的卫星无法按需向最低作战单元提供战场图像，也无法在偏远地区提供实时通信。美国研究利用立方体卫星星座的低成本、高重访率，提高最低作战单元的按需、实时战场态势感知能力和偏远地区通信能力。

2）国外通过立方体卫星演示验证各种空间对抗使能技术

立方体卫星的小尺寸、模块化、低成本等特点，使其更适合演示验证新技术，演示验证是立方体卫星发展的初始用途之一，未来也仍将是主要用途之一。通过立方体卫星演示验证的空间绳系电推进、太阳帆推进、交会对接等技术，可清除太空垃圾和攻击他国太空资产。

3）美、欧开始制定立方体卫星管理规范以应对大规模发射带来的问题

目前，立方体卫星发展主要面临以下几方面问题：① 多数立方体卫星无离轨机动能力，大规模发射入轨将造成轨道交通拥堵；② 通信以业余无线电频率为主，易对其他空间资产造成通信干扰；③ 缺乏包括对轨道、通信许可等的统一和成熟的管理规范。

无论对于军用卫星还是民用卫星，这些均是亟须解决的重要问题。目前，只有美国和英国于近年制定了相关指南和管理草案，但尚不完善。2012 年 11 月，美国联邦通信委员会（FCC）将通过会议商讨的立方体卫星获取许可证相关规定收录在《小卫星许可证获取指南》中。2015 年 6 月，英国发布《立方体卫星管理建议》草案，针对立方体卫星的特点，简化审批流程，对统一发射标准、平台标准、轨道高度与推力器等要求，提出了 8 条建议。

第三章

小卫星产业的参与者们

一、国外主要小卫星制造商竞争力评价

张召才　李炤坤

（北京空间科技信息研究所）

1. 引言

2000—2015 年，全球政府军民部门和商业市场对小卫星（发射质量不大于 500 kg）的需求快速增长，全球共发射小卫星 941 颗，约占同期入轨航天器总数的 48%。未来，随着小卫星的应用能力、在轨寿命、业务领域不断发展，以及商业资本与信息技术融合所带来的全球超大规模星座建设浪潮愈演愈烈，全球小卫星市场将呈进一步快速扩张趋势。据欧洲咨询公司预计，2015—2024 年，全球小卫星市场制造和发射收入最高可达 205 亿美元。全球巨大的市场需求和发展空间为

小卫星制造商提供了发展机遇，也加剧了小卫星制造市场的竞争态势。老牌宇航企业开始大力发展小卫星业务；新兴航天公司融合信息技术和互联网行业发展理念，在微纳卫星制造市场具有较高竞争力和创新能力。本文将对国外主要小卫星制造商的竞争力展开量化评估，研究小卫星制造市场的发展态势及各小卫星制造商的竞争优势。

2. 小卫星制造商竞争力评估模型

1）评估指标体系

小卫星制造商竞争力是企业竞争力理论的一种具体应用，是指小卫星制造商在全球竞争市场环境中相对其他小卫星制造商所具有的比较优势，包括小卫星产品竞争力、企业研发与技术竞争力、财务经营竞争力、发展环境竞争力等要素。在综合分析国内外企业竞争力评估指标体系的基础上，基于科学系统、可行可比、动静结合原则，提出由 4 个要素、20 个指标构成的小卫星制造商竞争力评估指标体系，见表 3-1。

表 3-1　国外主要小卫星制造商竞争力评估指标体系

评估要素	产品服务	卫星制造	市场经营	企业发展
评估指标	平台型谱	平台载荷比	国际销售比率	盈利能力
	部组件配套	从业人员数量	国内销售比率	创新实践
	卫星类型	发射数量	国际化程度	创新环境
	业务星占比	发射质量	卫星订单数量	市场空间
	在轨可靠性	交付周期	产业链齐备性	政府支持

2）评估模型及指标权重计算

层次分析法（AHP）是一种定性与定量相结合的系统分析方法，其基本操作过程是：① 通过将评估目标分成合理的、有序的层次而建立发挥描述作用的一个层次结构；② 对每个事物进行评估时，确定每个层次的各个元素的重要程度，用判断矩阵的最大特征值和相对的特

83

征向量以及通过专家咨询的方法来确定它们的权重; ③ 通过对各层次的分析, 总结出对整个目标的分析, 得到总排序权重。

按照 AHP 方法数学模型, 基于设定的小卫星制造商竞争力评估模型的 4 个评估要素的判断矩阵, 计算得到 20 个评估指标的权重值, 见表 3-2。经检验, 评估模型在 4 个要素维度和 20 个指标维度的一致性指标均小于 0.1, 判断矩阵设计合理, 计算得到的指标权重可用于进行层次分析。

表 3-2 基于 AHP 方法计算得到的 20 个评估指标的权重值

产品服务维度	平台型谱	部组件配套	卫星类型	业务星占比	在轨可靠性
权重值	0.126 543	0.051 741 36	0.030 104	0.019 668 2	0.015 943
卫星制造维度	平台载荷比	从业人员数量	发射数量	发射质量	交付周期
权重值	0.188 918	0.100 053 01	0.042 537	0.124 639 1	0.100 053
市场经营维度	国际销售比率	国内销售比率	国际化程度	卫星订单数量	产业链齐备性
权重值	0.033 905	0.020 626 62	0.012 549	0.033 905 1	0.012 549
企业发展维度	创新实践	盈利能力	创新环境	市场空间	政府支持
权重值	0.011 953	0.025 925 21	0.007 702	0.022 569 2	0.018 117

3）国外主要小卫星制造商的判定

在 2000—2015 年, 国外研制并发射小卫星数量排名前 20 的制造机构中, 剔除研究机构和高校、信息获取程度较难的宇航公司、非营利性公司等, 最终选择 8 家公司作为评估对象。按照研制并发射的小卫星数量排名, 依次为美国行星公司、轨道-ATK 公司、欧洲萨瑞卫星技术有限公司（SSTL）、美国 SNC 公司、欧洲空客防务与航天公司（ADS）、TAS 公司、加拿大 MDA 公司、德国 OHB 系统公司, 涉及美国、欧洲、加拿大等主要航天国家和地区。其中, ADS 公司拥有 SSTL 公司 99%的股权, 但 SSTL 公司作为独立运营公司, 其被 ADS 公司收购后仍保持独立发展, 故本文将 ADS 公司与 SSTL 公司作为两家独立的制造商纳入评估。

3. 国外主要小卫星制造商竞争力分析

（1）国外小卫星制造商竞争力排序。

选定的 8 家国外小卫星制造商的竞争力评价结果见表 3–3。从评估结果看，SSTL 公司在全球小卫星市场的竞争力排名第一，与其在全球小卫星市场的实际地位相符；ADS 公司、轨道–ATK 公司和 SNC 公司分列第二、三、四位；TAS、MDA 公司、OHB 公司的竞争力相对较弱，分列第五、六、七位；作为初创公司代表的行星公司竞争力最弱，排名末席。国外主要小卫星制造商竞争力排序如图 3–1 所示。

表 3–3　基于 AHP 方法计算得到的国外主要小卫星制造商竞争力评估结果

制造商 评估要素	产品服务	制造能力	市场经营	企业发展	总分
SSTL	0.222	0.357	0.042	0.069	0.690
ADS	0.163	0.255	0.07	0.062	0.554
轨道–ATK	0.156	0.265	0.034	0.080	0.536
SNC	0.093	0.306	0.025	0.074	0.498
TAS	0.073	0.196	0.041	0.062	0.372
MDA	0.078	0.174	0.043	0.056	0.350
OHB	0.063	0.176	0.043	0.063	0.345
行星	0.061	0.228	0.029	0.022	0.340

从整体看，8 家小卫星制造商形成了以 SSTL 公司为领先，ADS、轨道–ATK 和 SNC 公司为第二梯队，TAS、MDA、OHB 和行星公司为第三梯队的格局。三个梯队近似等差序列分布，但竞争力差距不大；

梯队内能力差距微弱，基本保持均势。

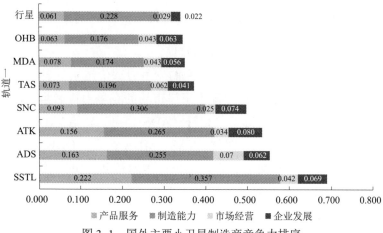

图3-1　国外主要小卫星制造商竞争力排序

（2）产品服务与制造能力是核心基础，SSTL公司处于全面领先地位。

国外主要小卫星制造商产品服务和制造能力竞争力对比如图 3-2所示。

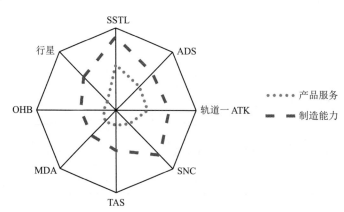

图3-2　国外主要小卫星制造商产品服务和制造能力竞争力对比

SSTL公司的产品服务和制造能力全面领先，其构建了齐备的小卫星平台型谱，包括 SSTL–100、SSTL–150、SSTL–300 等成熟平台和 SSTL–X50 等新型平台，并能提供推进、姿轨控、电源等各类分系统和相关部组件。其核心优势体现在：其一，凭借完善的平台型谱，SSTL 公司在 21 世纪初期获得了大量的海外订单，为中国、马来西亚、阿尔及利亚、加拿大、尼日利亚、土耳其、哈萨克斯坦和英国等国家的用户交付了 20 余颗小卫星。在单星制造能力方面，SSTL 公司不断优化平台架构设计，推出的 SSTL–X50 平台采用柔性结构设计和微型化、高密度分系统和部组件，其平台载荷比远高于其他制造商。其二，对市场需求变化反映灵敏，主动调整能力布局，发展满足市场新兴需求的小卫星平台及解决方案。发展之初，SSTL 公司通过先用中、低分辨率图像满足新兴国家普查需求，再用高分辨率图像满足高端用户详查需求的分步策略，形成了以光学遥感成像卫星为主打的核心产品；近年开始在通信、微波遥感和视频成像卫星领域寻求突破，发展了高分辨率合成孔径雷达（SAR）小卫星和具有全彩色视频成像能力的高分辨率 V1C 型平台。其三，重视发展低成本快速制造能力。SSTL 公司自发展之初，就以商业货架产品（COTS）、模块化等技术为支撑，实现了小卫星低成本、高性能的制造能力。2011 年，其又实施 FIREWork 计划，提出"围绕制造设计"（design–for–manufacture）的理念，通过卡架式综合电子设计、引入自动制造与测试技术等，进一步降低成本，缩短周期。

ADS 公司的小卫星产品涵盖光学遥感、电子侦察、环境探测等不同类型，发展了 AstroBus Extra Small 平台及其演进型版本 AstroBus Small 系列平台，具备较为出色的 100 kg 量级和 400 kg 量级小卫星研制能力。轨道–ATK 公司拥有 ATK 100/150/200 等系列平台，其中 ATK 200 平台作为美军 ORS 计划的主力平台用于研制"作战响应空间–1"（ORS–1）卫星和"战术卫星–3"（Tacsat–3）卫星，平台模块化、标准化程度高，能适应不同载荷接口需求，但该型平台面向军方用户"定制化"痕迹明显，其价格在商业市场并不具有竞争力，暂未获得商业市场青睐。SNC 公司拥有 SN-100、SN-200 两型平台，并新近推出了 SN-50 平台，以抢占 50 kg 量级微纳卫星市场。其中 SN-100 平台专门用于研制 Orbcomm 公司的第二代通信星座；SN-200/50 平台均用于美国军方任务，分别研制了"战术卫星-2"（TacSat-2）卫星和"空间测试计划-5"（STP-5）卫星，但 SNC 公司仅以分包商的形式参与了这两项任务，为主承研单位提供平台。从整体看，SNC 公司仅作为主承包商研制并成功发射了"OG-2"卫星，为用户提供的整星产品类型过于单一，这导致其产品服务竞争力评估值较低。

MDA 公司和 TAS 公司均没有发展小卫星平台，其产品服务能力存在明显缺失，但 MDA 公司下属的劳拉空间系统公司（SS/L）在美丽大地公司（Terra Bella）的授权许可下获得了"天空卫星"（SkySat）卫星设计方案使用权，构建了对地观测小卫星生产线，已经具备向用户市场提供光学遥感小卫星的能力。

OHB 公司与行星公司的产品服务能力处于伯仲之间，其中，OHB 公司的小卫星故障率和故障重复率过高，其研制的 6 颗 Orbcomm 通信小卫星在轨期间累计发生 11 次不可修复故障，导致其后续再未获得市场认可。行星公司的制造能力出色，具有快速、专用的突出特点。行星公司把软件行业的"敏捷开发"理念引入航天领域，在 3 年时间内完成了 12 次整星设计方案的迭代升级。卫星制造的快速响应与交付能力支撑行星公司商业运营的低地球轨道"鸽群"（Flock）星座能够保持持续在轨运行。但是，行星公司的小卫星制造能力"快而不强，专而不全"，其制造能力发展围绕自身的发展战略设计，解决的是 5 kg 量级 3U 立方体卫星的快速制造问题，制造能力布局过于单一，目前不具备制造 10 kg 以上小卫星的能力，也不具备对地观测以外其他类型小卫星的制造能力。

（3）ADS 公司依托集团公司全球网络，市场经营能力较强，率先完成转型。

ADS 公司在小卫星市场经营方面的最大优势是其背靠 ADS 集团，

88

凭借集团的资源优势和全球网络获得了用户的高度认可。其一，作为全球领先的宇航制造商，ADS 集团在大、中型航天器制造方面能力出色，在全球建立了完善的业务网络，具有较高的全球市场占有率。其小卫星业务在 ADS 集团公司的全球品牌知名度下也"水涨船高"，获得了来自阿尔及利亚、越南、智利、秘鲁等新兴航天国家的对地观测小卫星订单。其二，ADS 公司积极协调内部资源和强大的宇航制造能力，瞄准超大规模星座发展愈演愈烈情况下对小卫星批量化生产的需求，提高"跨界"整合能力，构建了能够每天制造 4 颗通信小卫星的生产线，在全球率先实现小卫星从"制造"向"生产"转型，成功获得 OneWeb 公司 900 颗通信小卫星的生产订单。其三，ADS 集团公司构建了涵盖卫星制造、发射和运营的全链条能力，能为用户提供一揽子解决方案，为其赢得航天能力基础薄弱的新兴航天国家，以及对小卫星制造和发射周期较为敏感的新兴初创公司的订单提供了保障。

国外主要小卫星制造商市场经营竞争力对比如图 3-3 所示。

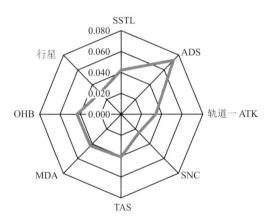

图 3-3 国外主要小卫星制造商市场经营竞争力对比

OHB 公司、MDA 公司、SSTL 公司和 TAS 公司的市场经营竞争力较为相近。其中，OHB 公司是 8 家小卫星制造商中唯一一家全部制造订单均来自国际市场的企业，但其用户过于单一，且市场维持后续乏力；MDA 公司通过收购 SS/L 公司，积极拓展了在美国市场的小卫星业务，获得了 Terra Bella 公司的对地观测星座订单，国际市场开拓有力，并且在卫星运营方面有所作为，具备遥感卫星运营、数据销售与增值服务能力；SSTL 公司开创性地提出"多国共建、能力共享"的方式发展对地观测星座，经济欠发达的新兴航天国家或地区可以通过采购单颗卫星并加入"灾害监测星座"（DMC），以获得整个星座的能力，这种创新的商业策略为 SSTL 公司赢得了大量国际订单，它是 8 家小卫星制造商中国际用户数量最多的企业；TAS 公司因其产品服务能力过低，导致其在国际市场的竞争力较差，这侧面反映出 TAS 公司内部仍未将小卫星视为重要业务方向，仍以传统的大、中型航天器制造为主。

　　轨道–ATK 公司、行星公司和 SNC 公司的国际市场占有率较低，市场经营能力相对不足。其中，轨道–ATK 公司兼备卫星制造与发射能力，且来自国际市场的订单占比为 25%。行星公司和 SNC 公司的制造订单均来自美国本土，其中行星公司以立方体卫星制造为基础，以商业遥感星座运营和数据增值服务为主业，凭借持续运营"鸽群"星座获得了较高的市场关注度，并且理论上能够对外提供较为完善的纳卫星项目解决方案；SNC 公司的主要客户群为美国军方和 Orbcomm 公司，客户群体较为固定，市场开拓乏力，且在卫星发射和运营方面毫无建树，市场竞争力严重不足。

　　（4）市场需求支撑小卫星企业发展前景巨大，唯行星公司存在一定风险。

　　基于本文构建的小卫星制造商竞争力评估指标体系，轨道–ATK 公司和 SNC 公司拥有相同的发展环境和发展空间，但轨道–ATK 公司的技术创新能力相对出色，为美国军方研制了一系列空间攻防和态势感知小卫星，多次完成航天领域的"首次"技术突破，凭借较强的创新能力拥有了相对领先的可持续发展能力。SSTL 公司的技术创新能力高居首位，是唯一一家自主研制技术试验卫星在轨验证创新技术的小卫星制造商，具有较强的创新能动性并将之付诸实践，通过持续创新形成了持久的竞争力优势。ADS 公司、TAS 公司和 OHB 公司同处于欧洲一体化的航天环境，在理论上拥有较为相似的发展空间。

国外主要小卫星制造企业发展竞争力对比如图 3–4 所示。

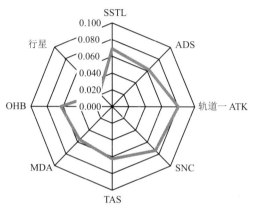

图 3–4　国外主要小卫星制造商企业发展竞争力对比

行星公司的可持续发展能力明显弱于其他制造商，后续发展存在潜在风险。作为初创公司，行星公司通过资本运作和理念创新快速完成能力布局，代表了当前新兴小卫星的前沿发展方向。但必须看到，盈利能力不足和缺乏核心技术成为制约行星公司长期可持续发展的最大隐患，行星公司蓬勃发展的表象下仍存在较大风险。其一，中、低分辨率遥感图像数据免费趋势加重了行星公司未来盈利的风险。遥感图像数据销售是行星公司唯一的收入来源，其 2014 年数据销售收入不足 3 000 万美元，不抵同年制造和发射"鸽群"星座的支出，收支尚未平衡。同时，全球商业遥感数据市场整体空间较小，近期难有较大增长，市场竞争激烈，并且，行星公司的数据增值服务业务的增长仍未见起色。因此，从整体看，行星公司盈利远不可期，一旦融资断裂，星座维持和发展或将难以为继。其二，行星公司通过理念创新和系统集成方式具备了 3U 立方体卫星快速制造能力，企业创新主要集中于商业模式，技术创新力度不够，未掌握核心技术，其业务模式和发展模式易于"复制"，难以长期占有发展优势。实际上，美国黑天全球公司（BSG）、阿根廷卫星逻辑公司（Satellogic）均提出了类似行星公司的发展战略，并获得了商业资本支持，已经对行星公司的发展形成压力。

4. 结束语

在全球信息化、数字化浪潮的驱动下，卫星应用的全球泛在、实时响应、定制服务成为新时期的市场需求，催生了基于低成本小卫星的超大规模星座出现，全球小卫星市场发生巨大变革。传统单星定制式的小卫星制造模式渐渐无法满足市场需求，传统的小卫星技术积累节奏和企业发展节奏渐渐无法满足空间技术与信息技术深度融合下的快速迭代需求。新的市场需求、新的技术趋势、新的发展理念、新的竞争环境，推动小卫星制造面向快速制造、敏捷制造、低成本制造转型。未来，平台型谱完善、内部能力健全、业务布局均衡、上下游产业兼顾的综合型小卫星制造商有望在全球小卫星市场抢占更多发展空间。

二、高校正成长为我国微纳卫星研制的生力军

祁首冰

（北京空间科技信息研究所）

2015 年 9 月 20 日，"长征–6"运载火箭成功将 20 颗微小卫星送入预定轨道，开创了我国"一箭多星"发射的新纪录。这 20 颗卫星中的 12 颗来自清华大学等高校。

1. "一箭二十星"，国家队:高校队＝8:12

2015 年 9 月 20 日，"长征–6"运载火箭成功将 20 颗微小卫星送入预定轨道。这 20 颗卫星中，8 颗卫星由中国航天科技集团公司下属的航天东方红卫星有限公司和深圳航天东方红海特卫星有限公司研制，其余的 12 颗卫星由国防科学技术大学、清华大学、哈尔滨工业大学和浙江大学等高校研制。

（1）国防科学技术大学："天拓–3"卫星，6 颗卫星集群飞行。

"天拓–3"卫星（图 3–5）由国防科学技术大学自主设计与研制，由 6 颗卫星组成，包括 1 颗 20 kg 量级的主星、1 颗 1 kg 量级的手机卫星和 4 个 0.1 kg 量级的飞卫星。卫星入轨后，手机卫星和飞卫星与主星分离，以"母鸡带小鸡"的方式通过太空组网，实现 6 颗卫星集群飞行。

主星"吕梁–1"采用通用化多层板式微纳卫星体系结构，主要开展新型星载船舶自动识别系统（AIS）信号接收、星载航空目标信号广播式自动相关监视系统（ADS–B）信号接收、火灾监测、20 kg 量级通用化卫星平台技术等系列科学试验和新技术验证。AIS 系统能对全球范围内的船舶快速完成位置、航向、航速等信息的接收，并实现对我

图 3-5　国防科学技术大学研制的"天拓-3"卫星

国现有岸基 AIS 系统的有效补充。星载 ADS-B 系统则可对全球范围内的航空目标实行准实时目标监测、空中流量测量，为航线优化和提高航空飞行效率提供信息服务，这是我国首次开展此项卫星载荷在轨试验。

手机卫星智能号是我国首颗以商用智能手机主板和安卓操作系统为核心设计完成的卫星。4 颗飞卫星"星尘-1，2，3 和 4"是国内首批飞卫星，也是世界上最小的卫星之一。

主星与手机卫星、飞卫星之间将开展子母式卫星在轨释放、空间自组织网络、多星协同测控等空间技术试验在轨技术验证。

（2）清华大学：集成微系统技术试验卫星，验证微型化高性能星上功能器件。

集成微系统技术试验卫星由清华大学研制，由 3 颗卫星组成，包括 1 颗主卫星——"纳星-2"（图 3-6）和两 2 颗子卫星——"紫荆-1 和 2"。

"纳星-2"是 1 颗 20 kg 量级纳卫星。其主要采用商用货架产品（COTS）器件，星上综合电子系统具有软件上载和重构能力，既提高了电子系统的可靠性，又扩展了纳卫星平台的实际应用功能，可为我国开展空间新器件、新技术试验提供一种低成本、快速有效的平台。"纳星-2"卫星的有效载荷包括纳型星敏感器、微型低功耗太阳敏感器、

图3-6　清华大学"纳星-2"卫星团队协同攻关

硅基微机电系统（MEMS）陀螺、微型石英音叉陀螺、微机电系统（MEMS）磁强计、北斗/GPS接收机等，其性能指标均达到国际先进、国内领先水平。

　　本次飞行试验的主要目的就是验证和支持这些具有完全自主知识产权的基于新原理、新方法的微型化高性能星上功能器件/组件的研究和在轨应用，从而推进国内航天应用的微型化功能器件/组件技术和微系统技术的进步。

　　"紫荆-1和2"卫星是"纳星-2"卫星的子卫星，采用在轨二次分离的方式从"纳星-2"卫星载荷舱中弹射释放。

　　"紫荆-1"皮型卫星，质量为0.234 kg，采用单板集成的综合电子系统，主要开展微型CMOS相机、MEMS磁强计等商用器件的在轨试验，以及与"紫荆-2"纳卫星联合进行绳系飞行、星间通信技术试验。

　　"紫荆-2"皮型卫星，质量为0.173 g，由清华大学与西安电子科技大学协同创新合作研制，主要开展超低功率的星地通信试验、氮化镓（GaN）器件空间效应试验等。

　　（3）哈尔滨工业大学："紫丁香-2"卫星，首颗学生自主研发管控的纳卫星。

　　"紫丁香-2"卫星由哈尔滨工业大学研制（图3-7），该星是我国首颗由高校学生自主设计、研制、管控的纳卫星。该星质量为12 kg，该卫星旨在构建飞行软件在轨试验平台，在空间环境中，对 FPGA 软件的可靠性等进行验证；同时，基于星上电子设备，可以进行全球航班、船舶等状态信息的收集和大型野生动物踪迹跟踪等任务。该卫星还携带了一个工业红外相机，可实现对森林火灾、极端天气等造成的地温变化进行成像与监测。另外，作为试验平台，该卫星搭载了两组新型超轻高精度敏感器，先期开展在轨测试，以确保该产品在后续其他型号的成功实施。

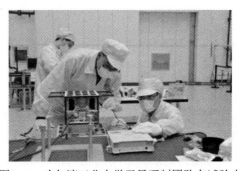

图 3–7　哈尔滨工业大学卫星研制团队在试验中

（4）浙江大学："皮星–2"卫星，探索我国皮纳卫星在轨应用技术。

"皮星–2"卫星由浙江大学微小卫星研究中心研制，两颗皮星将在轨验证微机电系统（MEMS）、微型轻质展开机构、皮纳卫星组网等技术，探索发展我国未来皮纳卫星的在轨应用技术。

"一箭二十星"发射的卫星一览表见表 3–4。

表 3–4　"一箭二十星"发射的卫星一览表

卫星名称		卫星质量	研制单位	卫星有效载荷任务
希望–2 （6颗）	希望 –2A、2B、2C、2D、2E、2F	1 颗 28.5 kg，3 颗均为 9.7 kg，2 颗均为 1.3 kg	航天东方红卫星有限公司	验证皮纳卫星系列产品，进行大气密度测量等试验，支持开拓空间业余无线电活动
开拓–1 （2颗）	开拓–1A	110 kg	深圳航天东方红海特卫星有限公司	新技术验证，空间环境探测等
	开拓–1B	2 kg		

卫星名称		卫星质量	研制单位	卫星有效载荷任务
天拓-3（6颗）	吕梁-1	20 kg	国防科学技术大学	开展子母式卫星在轨释放、空间自组织网络、多星协同测控等空间技术试验在轨技术验证
	智能号	1 kg 级		
	星尘-1、2、3、4	4颗均为0.1 kg 级		
集成微系统技术试验卫星（3颗）	纳星-2	20 kg	清华大学	验证纳型星敏感器、硅基 MEMS 陀螺等具有完全自主知识产权的微型化高性能星上功能器件/组件
	紫荆-1	0.234 kg		开展微型 CMOS 相机等商用器件的在轨试验，以及与"紫荆-2"卫星联合进行绳系飞行、星间通信技术试验
	紫荆-2	0.173 kg		开展超低功率的星地通信试验、氮化镓（GaN）器件空间效应试验等
紫丁香-2		12 kg	哈尔滨工业大学	开展 FPGA 飞行软件验证，进行全球航班、船舶等状态信息的收集等任务
皮星-2（2颗）	皮星-2A、皮星-2B	均为 12 kg	浙江大学	在轨验证微机电系统（MEMS）、微型轻质展开机构、皮纳卫星组网等技术

2. 高校正成长为我国微纳卫星研制的生力军

以上介绍的4所高校都并非首次研制卫星。

（1）清华大学、哈尔滨工业大学是我国最早参与卫星研制的高校，拥有丰富经验。

清华大学早在 20 世纪末即与萨瑞大学合作研制卫星，该星——"清华-1"——于 2000 年 6 月 26 日成功发射。清华大学于 2001 年开始自主研发卫星，其研制的"开拓-1"PS 和 PS2 卫星分别于 2002 年

9 月和 2003 年 9 月发射，但发射均失败。2004 年 4 月 18 日，其研制的首颗 20 kg 量级卫星——"纳星–1"成功发射。加上此次发射的 3 颗"纳星–2"卫星，其独立或合作研制并发射了 7 颗卫星。这标志着清华大学微机电系统技术、纳卫星平台技术等取得了新的进展。卫星研制过程对于激发青年学子对航天科技的兴趣、促进清华大学航天技术人才培养具有重要意义。

哈尔滨工业大学是我国最早研制卫星的高校之一。其研制的首颗卫星——"试验–1"与"纳星–1"一起由"长征–2C"运载火箭以"一箭双星"方式成功发射。此后，其研制的"试验–3""快舟–1 和 2"卫星分别于 2008 年、2013 年 9 月和 2014 年 11 月成功发射。此次"紫丁香–2"卫星是其第 5 颗卫星，与以往不同的是，该星是我国首颗由高校学子自主设计、研制、管控的纳卫星，凝聚了哈尔滨工业大学航空宇航与科学技术、力学、计算机科学与技术、控制工程、机械工程、通信工程、电气工程、热能工程等 8 个学科的本科、硕士和博士研究生，累计吸纳了 40 多名学生参与设计与研制，平均年龄不到 24 周岁。

（2）浙江大学、国防科学技术大学紧随其后，更加注重创新。

浙江大学将目光瞄准皮卫星，在 2005 年就将皮卫星项目列为学校重点项目。浙江大学研制的"皮星–1"（质量为 2.5 kg）于 2007 年 5 月 25 日发射，"皮星–1A"01 星和 02 星（质量均为 3.5 kg）于 2010 年 9 月 22 日成功发射。"皮星–1 和 1A"是我国首批公斤级微小卫星，也是国际上功能最为齐全的皮卫星之一。此次发射的"皮星–2"是浙江大学研制的第 3 批，亦是其第 4、5 颗卫星。

国防科学技术大学研制卫星起步较晚，但其更加注重创新。其研制的"天拓–1"卫星（于 2012 年 5 月 10 日发射，质量为 9.3 kg）是我国首颗单板纳星，即将星务管理、电源控制、姿态确定与控制、测控数据传输等基本功能部件，集成在单块电路板上的微小卫星。其研制的"天拓–2"卫星（于 2014 年 9 月 8 日发射，质量为 67 kg）是我国首颗采用视频成像体制的微卫星。此次"天拓-3"包含的 4 颗 0.1 kg 量级"星尘号"卫星也是我国首批飞卫星,其包含的"智能号"手机卫星也是国内首颗以商用智能手机主板和安卓操作系统为核心设计完成的卫星。

三、小卫星引发投资者和管理机构关注

朱鲁青　张召才

（北京空间科技信息研究所）

近期，新一轮通信和遥感小卫星星座的提出吸引了风险投资商的兴趣。在 2015 年 3 月 18 日举行的 2015 年卫星大会上，投资商和企业表示，小卫星系统的业务模式，以及此前的一些成功案例，使航天史无前例地成为风险投资关注的对象。与此同时，卫星管理机构也正在加快小卫星系统所需许可证制度的建立。

近地球公司的合伙人霍伊特·戴维森（Hoyt Davidson）表示："其中最重要的原因是小卫星的低成本和短研制周期，相比大卫星系统，它能更快地盈利。以前，必须投入 2 亿～3 亿美元，然后再等待 2～3 年才能开始盈利，而一次发射失败将使所有努力功亏一篑。"

小卫星系统的出现改变了这种状况。2014 年谷歌公司收购天空盒子成像公司；农业巨头孟山都公司（Monsanto）收购气象公司——一家利用卫星图像和其他数据源进行农作物预测的公司。一些小卫星初创公司为成功募集资金而避免将自己称作航天公司。总部位于旧金山的螺旋公司总裁彼得·普拉泽（Peter Platzer）表示："我认为他们投资的不是航天，他们投资的是数据公司，是投资数据应用，这和从前是完全不同的。"螺旋公司目前正在建造一个立方体卫星星座，用于气象数据收集，计划于今年年底前发射 20 颗立方体卫星。目前该公司已经募集到 2 900 万美元的资金。

但螺旋公司这类小卫星公司业务的增长也为美国联邦通信委员会（FCC）等卫星管理机构带来了麻烦。FCC 主席办公室特别顾问丹尼尔·科奈尔（Diane Cornell）表示："小卫星审批已经成为 FCC 的一项重要工作，而且工作量还将进一步增加。除此之外，相比大卫星来说，小卫星的研制方对运行进度要求更高。因此需要对正常的许可证审批程序进行调整。"美国国家海洋和大气局（NOAA）是遥感卫星的审批机构，NOAA 负责气象、卫星和研究的官员格林·塔利亚（Glenn Tallia）表示："在过去 2～3 年内，新卫星的许可证申请呈爆炸式增长。1996—2009 年，NOAA 发放了 26 个商业遥感卫星许可证，而仅2010—2015 年 1 月，NOAA 就发放了 41 个卫星许可证，另有 5 个正在审批中，还有 15 个系统没有启动申请。在新发放的许可证中，大部分是卫星星座项目。"

科奈尔和塔利业均表示，根据小卫星开发商的需求，目前的许可证管理条例需要进行改进，可以通过修订管理条例或国家商业遥感政策实现，但需要经过立法程序。就目前来说，与航天企业面临的技术和金融风险相比，管理问题并不是投资商最关注的。

四、螺旋公司气象观测立方体
卫星的成长之路

俞盈帆

（北京空间科技信息研究所）

彼得·普拉泽（Peter Platzer）曾经在 20 世纪 90 年代中期在意大利接受过一个暑期天体物理学培训课程，然后他就放弃了他的宇航人生规划。当时，在托斯卡尼市的一次午餐上，他的教授提起自己的一位同僚用 15 年的时间研制了一种用来研究电离层的设备，但在一次发射失败中损失掉了。从此以后，那个同僚的事业一直没有起色。

普拉泽说："他（那个同僚）从来没有得到想要的数据，一直无法完成他所承诺的论文，也没有得到终身职位。那一刻我就下定决心，不再沿着这条道路走下去，我要去做生意。"

在其后的 10 年里，普拉泽在欧洲和亚洲担任金融咨询师。2009年，辛格拉里提大学（Singularity University）向他介绍了一个纳卫星项目，重燃起他对航天的热情。普拉泽如今是螺旋公司的首席执行官，这是一家创新企业，打算向用户提供由小卫星采集的气象和海洋数据。

"人类已经对地球上四分之一的面积有了充分了解，也就是陆地，但要想获得其他四分之三海洋面积的大数据，就只能靠卫星。"

螺旋公司商业运行总监克里斯·维克（Chris Wake）说，2015 年该公司打算发射 20 颗 3U 立方体卫星。到 2017 年年底，这家公司将有 100 颗以上的卫星在轨。

螺旋公司打算采取搭载发射的方式，用不同的火箭把自己的卫星发射到不同的轨道上。普拉泽说，可以采用的火箭包括俄罗斯的"联盟"和"第聂伯"、太空探索技术公司的"猎鹰-9"、轨道科学公司的"心大星"和日本的"H-2A""H-2B"。

迄今为止，螺旋公司已经发射了 4 颗卫星，其中"Ardusat-1"和"Ardusat-X"是 1U 立方体卫星，采用开源软件，所有人都可以用它来进行太空实验；"Ardusat-2"是 2U 立方体卫星，用于技术验证和对地观测；"狐猴-1"是 3U 立方体卫星，承担技术验证任务。这些卫星发射时，公司名称还叫作"Nanosatisfi"，直到 2014 年 7 月才改名为"螺旋"。

螺旋公司的新卫星将携带 GPS 无线电掩星接收机，用来监测大气压力、温度、水汽含量，并提供数据格式，这可以显著提高气象预报的水平。

普拉泽说："气象预报所用的数据有 94% 来自卫星，但这些卫星数量少、价格昂贵、性能过时、回弹性差。如果气象卫星因为电力系统故障、太阳风暴或太空垃圾而失灵，是很不幸的事情。经过计算，我们系统的复原能力比传统气象卫星系统高 10 000 倍，因为我们有 100 颗卫星，并且每逢单数月就发射一颗新的。"

一旦卫星星座建立起来，螺旋公司将向那些需要精确预报的企业出售气象数据。螺旋公司的客户将需要付费购买数据，而不是要求政府或者商业企业投资建立气象卫星星座。

螺旋公司所期望的客户包括建筑公司和电力公司，前者如果在恶劣天气里浇灌混凝土会遭受损失，后者如果签署太多或太少短期电力供应合同也会遭受损失。普拉泽说，如果有更加精确的气象数据，全球有关企业可以节省 2.5 万亿美元。

当然，这并不意味着上述公司会为了有关解决方案支付 2.5 万亿美元。普拉泽说："平均来说，人们在排除业务中困境的时候，会支付 10%～30% 的损失量作为费用。"普拉泽本身是物理学者，在哈佛商学院获得了 MBA。他认为全世界的企业可能愿意投入大约 5 亿美元来购买更好的卫星数据。

螺旋公司看中的另外一个大市场是帮助客户追踪海上船舶，用来迅速处置紧急情况、躲避海盗和对付非法捕鱼。普拉泽说："我在 2012年开展这项业务的时候，有 90%的全球贸易依靠船只，但我当时并不知道，客户们有 80%的时间并不知道这些船航行到哪里。"

螺旋公司对庞大数据产品市场的期望，为之换来了 8 000 万美元的投资。2015 年 6 月，螺旋公司宣布，由美国普罗马斯风险投资公司（PromusVentures）主持的第二轮融资获得了 4 000 万美元。

螺旋公司不但用这些钱来建造小卫星，还在英国格拉斯哥附近建造了一处面积为 585 平方米的总部。此处距离其主要支持商和卫星分系统制造商克莱德航天有限公司（ClydeSpaceLtd.）很近。

克莱德公司总裁克莱格·克拉克（Craig Clark）说："航天产业正在迅速改变。螺旋公司非常清晰地认识到，机会不仅仅存在于开发立方体卫星来提供下行数据服务，也在于如何平衡立方体卫星系统企业现有产品和流程的工作。"

克拉克对媒体说，为了支持螺旋公司，克莱德公司扩大了立方体卫星的测试能力，其中包括建立专用的热真空罐、振动台、热循环系统、姿态测量控制系统校准设备和射频测试设备。

螺旋公司的国际化运营和伙伴关系有助于该公司尽量不采用《美国军品清单》中开列的元器件，这份清单是根据《国际军火贸易管制条例》（ITAR）制定的。普拉泽说，虽然美国政府和有关部门设法简化了商业元器件——例如用于立方体卫星的——出口管制法规，但依然对那些试图发射小卫星的企业构成了严峻挑战。

他说："ITAR 对纳卫星产业构成了很大伤害。我们选择欧洲供应商来制造第一颗卫星就是这个原因。我们在这里获得了很大的竞争优势。"

五、微小卫星产业商业化发展大势难挡

刘　佳

（北京空间科技信息研究所）

2017 年 8 月 1 日，我国"天舟一号"货运飞船成功在轨释放一颗立方体卫星，这颗立方体卫星随即被地面工作人员成功"捕获"。本次在轨释放的立方体卫星为标准 3U 结构，它的主要任务是开展相关航天新技术试验验证。随着微电子、微机械、纳米等技术的发展和卫星设计思想的创新，卫星正变得越来越小。从我国第一颗采用公用平台技术的小卫星"实践五号"研制立项算起，经过近 20 年的不懈努力，现代小卫星已经成为我国装备体系和业务服务体系的重要组成部分。加之近年来我国出台的商业航天发展的相关政策措施，小卫星的商业化潜力越发明显。

在小卫星研制领域（100～1 000 kg），原来的研制主力军中国航天科技集团下属的航天东方红卫星卫星有限公司将面临来自上海微小卫星工程中心的挑战；而在微小卫星（≤100 kg）研制领域，现阶段的主力仍然是深圳航天东方红海特卫星有限公司，但北京航空航天大学、西北工业大学、南京大学等新晋单位的先后涌入也明显加剧了市场的竞争强度。而在进入门槛相对较低的皮星/纳星（1～10 kg）领域，当前"百家争鸣、百花齐放"的发展格局不会出现大的改变。最近，更是不断传出一些公司投入研发微小卫星，可以想见参与者只会越来越多。

关于这股小卫星热，行内大致可以分为两种观点。一种观点认为目前小卫星的整体发展态势喜人，如雨后春笋般涌现的研发实体，对于整个行业的持续性发展是非常有利的，对其未来的发展也极其看好；而另一种观点则认为现在的情况是跟风搞研发的人多，没有整体规划和统筹考虑，很难持久，民营企业搞小卫星主要是求围观，吸引眼球，真正能干成事的少，这种混乱的状况对未来的发展极为不利。

作为一个长期从事航天研究和媒体工作的人，虽然笔者不参与研发，但是却亲眼见证了小卫星发展的过程。我国小卫星研发起步虽然晚，但是此后发展的速度、应用水平提升的势头却非常迅猛，从兴起开始，先后经历了高性能产品出现、装备化应用、体系化应用和市场细分发展等阶段。目前，我国已经研制发射了 100 多颗小卫星，国内小卫星研制领域已经实现了"试验应用型"向"业务服务型"阶段的转化，而这一领域民营企业的大批涌入，势必会加速这一领域的发展。对此，笔者也有一些自己的看法。

1. 卫星研发产业化、市场化，势不可挡

其实，之所以要在现阶段讨论这个问题，毫无疑问是因为微小卫星的发展已经进入了一个快速增长的阶段，这个现状无法否认。那么，不管是国家队，还是私有组织机构，希望在这个时代能够追上这股浪潮是顺势而为的表现。

航天军工企业尽管带有浓厚的军方色彩，但它们还是属于企业的范畴。从本质上讲，航天军工产品也是一种商品，也可以通过贸易为国家赚取外汇，为经济发展作贡献。尤其是转企改制之后，必须遵守和符合现代企业的发展规律，才能为航天军工企业注入强大动力。事实上，对于军工企业走市场化道路，国家相关政策已经相当明朗：2007年 2 月 27 日，国防科工委下发《关于非公有制经济参与国防科技工业建设的指导意见》。当年 3 月 1 日，国防科工委又下发《关于大力发展国防科技民用产业指导意见》。在这些政策的鼓励下，参与者日益增多。原来只是以中国航天科技集团下属研发单位和上海航天技术研究院为中心、为代表的国家队在从事微小卫星的研发，如今各个组织机构均积极参与，尤以国内的科研院所、大学居多，包括中科院上海微小卫星工程中心、浙江大学、哈尔滨工业大学、南京航空航天大学、国防科技大学、清华大学、北京航空航天大学、西北工业大学、南京大学、南京理工大学、上海交通大学、北京大学等和航天科工卫星技术有限公司，主要涉足皮星/纳星（1～10 kg）和微小卫星（≤100 kg）的开发，一时间热闹非凡。

可是未来谁又能站在微小卫星研发的前列呢？笔者也无从得知，但可以肯定的是目标、定位、实力和运气将决定结局。继续以传统思维与手段入局也许可能凭借自身已有的资源和实力暂居一席之地，但如果不能随势而变，也恐难长久。所以现在说什么都为时尚早，时间才是去劣存精的检验器。

2. 目标、定位决定命运

之所以有很多质疑的声音，正是由于有很多入局者没有什么自主的技术，但就靠着这儿买个平台，那儿买个载荷，东拼西凑地组装了一颗卫星，只要把它发射上太空就算大功告成了，就连这颗卫星是做什么用的，有多少用户，可以产生多大的经济效益都不清楚，或者说都不关心。卫星上了天，拿到了一两次传回的数据，就可以大肆宣传"我公司已经具备整星研制技术"。事实是什么，已经不重要了。

微小卫星的产品属性，决定了它的目标——服务客户。没有需求，没有客户，服务和产品就是没有经济价值的。研制一颗卫星，没有寻找合适的购买者，或者提供的服务不能满足客户的需要，没有人愿意为之买单，尤其是微小卫星、皮纳卫星的发展是趋于商业化的，没有订单的研制，只能自娱自乐。

与之相反，也有不少机构组织在成立之初就将市场化作为公司发展的重点，制定了明确的中、远期规划，确立了非常明确的定位，制定了清晰的发展路线和实现目标的途径，且与微小卫星的特点与发展趋势相契合。其不断深化市场分析，找准重点目标，针对不同维度的用户，制定具体的市场开发和竞争策略，尊重市场规律和客户利益，实现市场开拓精细化和客户利益最大化，相信这些入局者的命运都不会太差。

目标、定位决定了其持续发展下去的源动力。未来越来越多的是个性化、多样化的服务，所以细分的需求将为许多微小卫星的创业者提供生存空间。

3. 实力决定成败

商业化不等于低性能和低可靠。面对商业航天的逐步发展，产品"好用、易用，效能高、用得起"是确保客户收益的关键。国内小卫星研制单位的研发能力和产品的性能、技术水平已经达到了一定的高度，现有整星产品基本可以满足国内除高分辨率遥感卫星之外的其他需求。但与国际领先厂商的产品对比，会发现整体上仍存在不小的差距：比如功能密度比相对较低，系统集成技术和能力存在一定差距。同样是设计指标为地面分辨率 0.5 m 的遥感卫星，以色列、美国用质量为 300 kg 的小卫星就可以实现，而国内却要用质量为 500 kg 的小卫星才能达到同等性能；微电子、微机电（MEMS）技术还处于萌芽状态，基于 MEMS 技术的微型元器件的研发、空间领域应用水平落后，星载单机、分系统和有效载荷的小型化、轻量化、低功耗方面差距明显；卫星（星座）在轨自主运行管理水平相对落后。国内在航天器型号项目中已实现在轨自主姿态确定与控制等具体的单项功能。以美国、欧洲太空局为代表，"Deep Space−1"、Proba 等空间飞行任务验证了国外业界已具备了航天器在长时间不与地面联系的情况下自行处理各类故障、自行调整局部任务目标并完成总体任务的自主闭环控制能力。我国卫星产品的性价比与国际同类产品相比不具备优势，我国典型小卫星通用平台产品的报价约为每千克 10 万美元，而国外典型小卫星产品的报价则在每千克 5 万～10 万美元不等。

针对这些劣势，我们应该对现有的产品体系进行优化改进，尽快实现技术升级。同时，在开发验证新技术的过程中，同时研制高自动化、高精度的生产流水线，利用不断更新的制造技术加速小卫星的生产流程。其实，这样的成功案例很多，比如铱星、OneWeb。据外国媒体报道，OneWeb 公司在法国图卢兹开设了小卫星装配生产线，这条流水线具备最先进的自动化生产线、测试设备和数据采集能力，能够有效缩短装配时间，全方位分析设备性能并进行调试。在轨卫星将提供有用的在轨数据，以支撑航天器的设计方案，实时检测和校对制造过程中的任何故障。在占地 4 600 平方米的卫星制造中心将制造和生产900 颗高性能的小卫星，OneWeb 全球互联计划的首批 10 颗卫星将在2018 年年初发射，待测试完成后，OneWeb 公司将开始一场史无前例的卫星发射活动，每隔 21 天生产并发射一批卫星，在短时间内快速建成一座数字大桥，为全球还未接入互联网的人提供经济高效的网络服务。

对于这种敢想敢干的企业笔者无疑是钦佩的。在卫星研制领域，行业成功的关键要素包括工程化研制能力、产品开发经验、测试条件、产品项目管理、质量控制体系、产品系列化等。如果一个企业在这些方面都具有一定的优势，那么它一定会成功。

4. 结语

笔者认为，未来的微小卫星行业发展趋势主要表现在以下几个方面：① 卫星小型化、微型化趋势明显，星座规模不断扩大，低成本、批量化、快速制造的产品将迅速占领市场。② 卫星星座的设计理念、应用模式和运行管理全面创新。采用天地一体化全链路设计理念，简化星上功能，强化地面处理；注重与信息技术的深度融合，注重互联网管理模式的应用，面向更广泛的非专业用户。③ 卫星星座应用能力进一步实用化，领域全面化，轨道立体化，应用领域进一步全面化，从局部应用向全体系扩展已成为必然趋势。④ 商业小卫星应用将呈现融合发展的趋势，应用轨道进一步立体化，全方位、多需求的商业小卫星系统解决方案将不断涌现。

想到在不久的将来，也许微小卫星的发展将会重塑整个太空工业模式，笔者就不禁心潮澎湃。

第四章

为小卫星的发展营造更好的氛围

一、商业化微小卫星产业发展趋势及思考

周英庆[2] 罗 超[1] 倪 涛[2] 叶沙琳[2]

（1 上海航天技术研究院；
2 上海卫星工程研究所微纳卫星系统工程中心）

随着新型小卫星技术的成熟，从空间轨道获取新数据的前景吸引越来越多的公司投身微小卫星领域，巨大的市场潜力和利润增长空间也招揽了巨额的投资，使微小卫星产业正呈现一种前所未有的繁荣景象。互联网思维、大数据的引入，使该领域形成了一种全新的商业形态，激发了一场卫星应用和运营模式的革命，加速了微小卫星产业的发展和市场的活跃度。但由于供应链、产业链正处在不断发展和完善中，因而在该领域中还存在很多的可能性和不确定性。

1. 微小卫星产业蓬勃发展，市场前景广阔

近年来，微小卫星这一新兴产业日趋壮大，不计其数的公司进入该领域，并策划建立大大小小的微小卫星星座项目，其中，颇具代表性的有：

2009 年，谷歌公司（Google）提出"O3bNetworks"，即为非洲以及其他发展中国家的 30 亿人口提供高速上网服务。O3b 星座每次发射 4 颗卫星，目前已完成第 3 次发射，完成 12 颗卫星在轨部署，该星座最终将含 120 颗卫星。其轨道高度为 8 000 km，轨道倾角为 0°，可以对中低纬地区实现无缝覆盖。

从 2014 年 1 月起，行星公司的"鸽群"（Flock）星座项目通过多次发射和在轨释放，目前已有 90 余颗 3U 立方体卫星在轨服务。该星座可以每 24 h 对全球进行一次成像。

2014 年 2 月，媒体发展投资基金（Media Development Investment Fund）提出外联网（OUTNET）项目，通过构建几百颗 1U 立方体卫星星座，建立全球免费网络。2014 年 3 月，美国天空盒子成像公司（SkyboxImaging）计划建立由 24 颗质量为 120 kg 的卫星组成的"天空卫星"（SkySat）星座，其分处 4 个不同极轨轨道，提供高分辨率图像和全天候视频图像，用于商业销售。

2014 年 7 月 14 日，美国太空探索技术公司（SpaceX）的"猎鹰-9"（Falcon-9）火箭成功发射 6 颗"第二代轨道通信"（Orbcomm-G2，165 kg）卫星，2015 年 12 月完成后续 11 颗卫星的发射。该轮任务完成后，"轨道通信"策划后续还将有 30 颗卫星的增量。

2015 年 1 月，伊隆·马斯克（Elon Musk）提出 4 000 颗卫星的星座计划，旨在构建全球高速互联网，覆盖地球任何一个最偏远的角落。美国太空探索技术公司已向美国联邦通信委员会（FCC）提交了该计划的正式申请。

2015 年 6 月，一网公司（OneWeb）宣称将与多家公司合资构建

由 900 颗卫星组成的互联网卫星星座，预计于 2018 年发射。

2015 年 8 月，三星公司（SAMSUNG）提出"空中互联网"计划，欲发射 4 600 颗低地球轨道微型卫星，打造全球性廉价空中网络，每月可在空间传输 1 泽字节（1Zetabyte）。

随着数量巨大的微小卫星项目的出台和实施，在过去 5 年里，微小卫星领域行业整体增长 6 倍多，目前业内已有 800 多家公司。该领域的交易活动连续 3 年直线增加，2015 年的交易数量和投资数额都达到近 4 年的新高。全球正掀起一场采用新型小卫星探索空间的投资和应用狂潮。

据美国 SpaceWorks 商业咨询公司发布的《全球 1～50 kg 小卫星市场需求评估报告》显示，自 2009 年起，1～50 kg 微小卫星发射数量呈现逐年增长的趋势，尤其在 2012—2013 年净增长了 60 颗，增幅达 231%；而在 2013 年发射 92 颗的高基数下，2014 年仍增长了 66 颗，增幅达 72%。同时，SpaceWorks 商业咨询公司通过对已公布的和策划实施的微小卫星发射计划进行统计，预测在 2015—2020 年间将会有 1 860～2 610 颗微小卫星的增量。

在微小卫星的应用方面，SpaceWorks 商业咨询公司也作出了统计。可以看出，微小卫星因其灵活、高效的特点，其应用领域十分广阔，能够承担对地观测/遥感、通信、技术试验、科学研究等多类型的任务。在微小卫星发展之初，主要应用于技术试验和科学探测方面，分别占整个应用领域的 55%和 21%。随着技术水平不断发展成熟，微小卫星的应用领域从技术验证为主向业务应用为主快速发展。其中，技术试验方面的应用由 55%降为 20%，而对地观测/遥感领域的应用由 12%增长为 52%。未来将以对地观测/遥感卫星为发展重点，科学、通信也是重要的应用方向。

北方天空研究所（NSR）的研究报告也给出了类似的结论：微小卫星应用于对地观测领域的份额将会进一步增大，卫星对地观测市场在 2024 年的营业额将达到 45 亿美元，比 2014 年的 23 亿美元营业额增长将近 1 倍，而其中很大一部分增长都要归功于微小卫星。尤其随着亚米级，甚至 0.50 m 以下高空间分辨率图像的出现，微小卫星星座使对地观测图像数据质量达到了一个前所未有的高度。同时，它的高回访频率使连续性高速数据的获得成为可能。大数据分析等技术的运用，将让中分辨率和高分辨率图像数据的价格下降，这些都使对地观测市场急剧扩张，并在新市场和垂直细分领域中创造更多利润。例如，出于国防和情报需求，对农业、灾害、林业和野生动物以及金融服务等垂直领域市场来说，微小卫星解决了"数据缺乏"这一困局。据北方天空研究所预测，到 2024 年年底，将要发射的纳卫星和微小卫星中 40%将用于对地观测。

2. 微小卫星产业运营体现互联网创新模式

商用微小卫星入轨开启了卫星大数据时代，随着互联网时代的发展，未来全球卫星应用将会与全球导航、移动互联网、物联网、智慧城市建设、信息化战争深度融合，卫星应用更加贴近大众生活，并形成一种全新的商业模式。与传统卫星不同，微小卫星运营模式具备以下 4 个特征。

1）以数据应用为主，互联网思维特征明显

现在的卫星市场，真正让投资者看重的是必将与一系列轨道技术融合的大数据、互联网和全球市场情报，是数据、软件和服务，而不是基础设施或卫星本身。

以美国天空盒子成像公司和数字地球公司（DigitalGlobe）为代表，这些公司以出售商用高分辨率图像产品和服务作为获取利润的主要来源。它们通过研发高分辨率成像卫星，同时提供卫星数据查询平台，将互联网与高分辨率卫星群结合在一起，打造出一个独特的数据来源。这些数据可支持在国防和情报、民间机构、地图制作和分析、环境监测、油气勘探、基础设施管理、互联网门户网以及导航技术领域的广泛应用。天空盒子成像公司成功地将微小卫星遥感技术与云服务、大数据、定制服务等创新运营模式有机结合，大大降低了用户的使用门槛，重新定义了商业卫星的价值和市场。随着政策的开放，数字地球公司在 2015 年 2 月正式公开销售分辨率为 0.3 m 的卫星图像数据，这些图像与航空遥感图像相比，在数据价格、全球覆盖性以及数据更新周期方面更具优势，这将使数字地球公司获取更大的全球天基对地观测市场份额。基于互联网思维的数据应用服务，不但成为该公司的标记，同时也为其创造了巨大的利润。

2）基于成熟供应链和服务外包体系

成熟的产品供应链机制和非核心业务部分服务外包，优化了微小卫星企业的资源配置，通过重组价值链，降低了成本并增强了企业的核心竞争力，因而越来越成为微小卫星产业的主流模式。

在供应链方面，以"空间创新解决方案"（ISIS）和立方体卫星（CubeSat）为代表，微小卫星研制生产基本具备成熟的供应链机制，标准化、模块化的产品体系逐渐形成。例如，立方体卫星商店（CubeSatShop）可提供十二大类共计 80 套模块的完整 DIY 卫星解决方案，可满足通用化承载与投送系统的承载要求，形成了统一的机械、供电、通信标准，扩展出了完整的立方体卫星产品体系，用户可根据自身需求定制选购，形成不同质量、不同用途的个性化卫星产品。

在服务外包方面，以美国轨道通信公司（ORBCOMM）和天空盒子成像公司为代表，其或按需定制采购，或自己设计并将生产制造和测试部分外包，有效发挥了优势，节约了资源。例如，"第二代轨道通信"是由内华达山脉公司（SNC）研制的。而"天空卫星–1 和 2"由天空盒子成像公司设计制造，接下来的 13 颗"天空卫星"将由劳拉空间系统公司（SS/L）［已被加拿大麦德联合公司（MDA）收购］制造；下一代的卫星原型将由天空盒子成像公司设计制造，之后再由劳拉空间系统公司制造后续的卫星。

3）定位于特定细分市场

未来市场是以消费者为中心的市场经济，取代以厂商为中心的工业经济。基于微小卫星不同客户群的特征，进行市场分析和格局划分，明确企业的优势和机会，选择对其发展最有利的市场，是微小卫星企业发展的必然诉求。此处以天空盒子成像公司和美国轨道通信公司为代表举例。

天空盒子成像公司利用其生产的高分辨率对地观测卫星，致力于提供地貌详图和高清视频，市场定位为卫星图像数据客户。美国轨道通信公司则利用其小卫星移动通信系统，致力于构建天基互联网，市场定位为卫星通信客户。在特定的市场定位下，天空盒子成像公司秉承"让精确的地理信息变得易于获取和可用"的理念，对市场需求进行了进一步的细分，将可提供的图像划分为 0.31～20 m 范围的约 11 个不同的分辨率等级，用户可根据需要进行个性化、有针对性的购买。

4）产业链持续分化、洗牌和调整

微小卫星因其自身特点打破了传统空间领域的技术壁垒、研发周期和资金门槛，并开拓了新的市场，带动了下游的影响分析、资产跟踪和连续性高速数据获取等商业模式的爆发式发展。该行业目前正处于早期发展阶段，随着大量的、新的、未被开发的市场逐渐被打开，一个新的发展关键点也随之出现。在技术上，需要不断研究如何提高数据的质量、控制使用和集成的难易程度，以满足来自最终用户市场的大型、复杂的需求。在运营上，需要在资产性能、服务提供和商业利润中间取得平衡。而目前大部分微小卫星公司都采用垂直整合的方式，这种方式虽然可以更好地控制产品，但在其系统和目标市场完全确立前，其经营成本均超过营业收入。因此可以预计，在接下来很长的一段时间，该产业的模式都将处在不断的发展和进化中。为适应行业发展和提高竞争力，置身其中的各个公司相应也要经过不断的变化和剧烈的重组，这种重组将进一步激发行业潜力，加快发展的进程。此处以西班牙德莫斯公司（ElecnorDeimos）和意大利易吉欧公司（e-GEOS）为代表举例。

西班牙德莫斯公司成为加拿大厄斯卡斯特公司（UrtheCast）星座

任务计划的战略执行伙伴，承担项目中的地面站构建、合成孔径雷达（SAR）载荷集成、任务分析和飞行动力学研究等任务。加拿大厄斯卡斯特公司星座项目意在构建世界第一个多谱段光学和合成孔径雷达全集成的商业化地球观测卫星星座。这一战略联盟增强了西班牙德莫斯公司在卫星系统集成、地面系统构建和飞行动力学方面的能力，有助于打开空间应用新市场，并提高在获取美国航空航天局（NASA）和欧洲航天局（ESA）项目中的优势竞争力。

作为意大利空间通信集团（Telespazio）的子公司，意大利易吉欧公司依靠高精的技术水平和集团内大量公司的市场占有率，及各公司在产品供应链中的大力协同，极大地提高了公司的竞争优势，使其处于国际领先水平。

3. 商业化微小卫星发展思考及建议

不计其数的星座项目、数以亿计的巨额融资，让微小卫星产业成为处于风口浪尖的航天"新宠儿"。迅猛增长的行业态势凸显了市场的巨大前景，却也不能规避其作为新兴行业的固有特征。配套产业的发展、行业政策的许可、产业规模的实现，都将成为发展的制约因素，甚至可能是致命的。是否能够顺利突破这些关卡，才是检验微小卫星产业未来发展的试金石。因此，笔者对微小卫星产业现状进行细致剖析，提出三点思考和建议：

1）突破发射瓶颈，紧跟产业步伐

随着微小卫星产业的迅猛发展，卫星数量激增，与之匹配的发射问题日益凸显。受发射场和发射窗口的制约，商业发射机会少，协调及等待周期长，存在延期等不确定性。同时，发射价格高、低成本小型运载工具发展不充分，都成为限制微小卫星发展的瓶颈问题。

SpaceWorks 商业咨询公司的统计数据表明，微小卫星呈现爆发式增长，而每一年的运载火箭发射总数及用于微小卫星的运载数量仍旧保持不变，同时运载的延迟发射导致很多微小卫星不得不延迟发射或寻求别的发射机会。因此，SpaceWorks 商业咨询公司认为，历史数据证明，现有的运载容量不能有效满足未来微小卫星的市场需求。

从发射价格来看，目前报价最低廉的太空探索技术公司的"猎鹰-9"的标准发射费用是 5 600 万美元，而联合发射联盟公司（ULA）的报价为 4.35 亿美元，中国"长征"系列运载火箭的最低发射费用为 6 000 万美元。以"猎鹰-9"运载至低地球轨道（LEO）的最大承载能力为 13 150 kg 计算，平均每千克的发射费用约为 4 万美元。这对于 1 颗上亿元的大卫星而言或许可以称作廉价，可是对于 1 颗成本仅为几十万或上千万美元的微小卫星而言，发射成本甚至超过了卫星研制成本。

如果发射问题不能解决，微小卫星的产业很有可能面临令人扼腕的窘境。因此，近年来，国外致力于开发各种形式的卫星发射和部署模式，如通过空间站进行卫星部署、采用战斗机进行卫星发射、建立商业发射场、降低发射成本等。通过采取一系列措施，力求突破发射瓶颈，为微小卫星创造更多的入轨和应用机会，保持微小卫星产业的持续增长和升温。

就国内而言，尚未建成商业化运作的发射场，所有发射计划均由国家统筹，存在发射机会少、发射审批流程复杂及周期较长、市场和价格体系不规范等问题，无法适应微小卫星快速发射的市场需求。要打破这一窘境，建议从以下三方面着手：一是要创造尽可能多的微小卫星发射机会。通过合理统筹、有效规划，充分利用运载余量供小卫星搭载。同时，策划专用发射机会，尽快研制低成本小型运载工具并投入使用。二是规范实现标准化星箭接口，实现卫星与运载的快速匹配，缩短接口协调时间，从而提高发射效率。三是精简发射申请手续，优化发射审批流程，甚至有必要建立一套专门针对微小卫星的快速响应机制，以适应微小卫星快速发射的特殊需求。

2）改革测控、运管体制，发展商业模式

随着微小卫星、卫星星座的发展，测控网面临着需测控支持的卫星数目多、多颗卫星同时过境、卫星相继过境间隔时间缩短等新形势。传统单颗卫星的测控任务已不能满足需求，测控网还应具备对多颗卫星的同时测控支持、多颗卫星及星座在轨运行管理的能力。这意味着不但能提供入轨段和运行期间多颗卫星的同时测控支持，同时能够对大量卫星的长期在轨运行进行管理。随着微小卫星的数量逐年猛增，"星多站少"的问题愈发突出。

传统的地面测控系统是以单用户为背景，根据各类卫星的不同任务和应用，进行定制化的测控和在轨运行管理。每研制1颗新型卫星，都需要经过一个漫长的定制周期，并花去巨额的费用。这种定制模式在传统大卫星领域已有效运行多年，但显然无法适应高效率、低成本的微纳卫星发展。由此看来，建立一套商业测控管理体制，对市场化行为进行规范、指导和约束，是适应微小卫星发展的必由之路。

同时，现有地面系统条块分割，各类卫星各自为战，资源和信息无法共享，应用效率较低，存在一定程度的浪费。未来微纳卫星的发展，必须基于大数据、网络化、信息化的时代特征，充分发挥卫星组网、系统运行、全球资源共享的优势，既可以实现卫星工作效率、工作范围及信息时效性的大幅提升，同时也可以避免重复投资，从而充分发挥航天系统和测控网的利用率和效益。从国内来看，目前尚无明确的法律法规对境外资源的利用进行规范。而国际空间数据系统咨询委员会（CCSDS）已经提出了一系列标准，以促进卫星运控与数据接收的国际合作。通过采用该标准的数据结构和信息传输体制，单个测控站可以满足多个星座、不同用户的测控要求，同时适应多用户、多数据类型的任务，这便于实现国际测控资源的交互支持，有利于实现航天测控服务的低成本化。

3）充分发掘微小卫星应用潜能，提升优势

微小卫星的应用前景十分广阔，能够承担对地观测/遥感、通信、技术试验、科学研究等多类型的任务。但是目前处于应用中的微小卫星主要集中在技术试验和科学研究方面，虽然其正在从技术验证为主向业务应用为主转化，但仍然有很大的应用潜能亟待开发。

从任务类型看，行星公司、天空盒子成像公司等已经证明近地轨道纳卫星星座可以稳定提供超高分辨率的遥感数据，达到商用级水平，可以相信其水平还将随着"鹰眼"（KestrelEye）纳卫星等任务的开展而迅速提高；同时，科学探测仍然是微纳卫星星座的主要任务，也是优势任务，具有其他天基系统无法替代的多点原位测量能力。

从服务对象看，微小卫星以迄今最高性价比航天器的身份，迅速占领了商业图像数据服务市场，所有对大跨度、高实时、高分辨率图像敏感的行业都被微小卫星群网所吸引，例如地理位置服务、农作物监管、突发灾害应急响应等。可以想象，随着轨道高度的下降，分辨率的优势将进一步提升。可以相信，低轨道、亚轨道，甚至高层大气层将在很长一段时间内被其统治。

受制于运载与推进能力，高轨和深空暂时还无法直接成为微小卫星的舞台，但天基二次部署有可能带来解决方案，从而拓展微小卫星的应用。

目前，微小卫星虽然发展迅速，但与大卫星相比较而言，其在分辨率、幅宽、寿命等单项性能方面的优势并不是很明显，因此，必须充分发挥微小卫星组网运行的优势，如依靠低成本研制的高分辨率微小卫星，组网增大对地观测覆盖面积和缩短重访周期，其虽然寿命短，但可以不断更新替代，实现长时间的在轨观测。通过不断探索和挖掘更具优势竞争力的微小卫星应用方式，使之成为主流卫星的应用互补甚至替代，引领并逐渐改变主流市场需求。

未来，对地观测将会是微小卫星应用的一个重要方向。随着我国陆地资源卫星、气象卫星、海洋卫星、遥感系列卫星等初具规模，数据质量不断提升，建议扶持类似美国数字地球公司和法国斯波特成像公司（SPOTImage）等的商业渠道和运营模式，重点发展销售卫星遥感数据产品并提供服务的商业模式。同时，通过统筹各类卫星数据，实现全球服务，增强国际竞争力。

4. 结束语

商业化微小卫星产业的迅速崛起是卫星发展的时代所需，它不但引领了一种全新的卫星研制生产和运营模式，同时开创了卫星数据应用更广阔的空间。可以想象，经过有效的规划和发展，该产业未来前景巨大、能量惊人。中国航天科技集团公司杨保华副总经理曾指出，这是一个全新的卫星时代，我们要允许各种设想百家争鸣；这是一个亟待探索的领域，我们要鼓励各种成果百花齐放；这是一个任重道远的征程，我们的精神要百折不挠，坚持不懈，开创微小卫星辉煌发展的新纪元。

二、立方体卫星研发：从教育圈来，到产业界去

孙　琳

（北京空间信息科技研究所）

摘要

立方体卫星体积小、发射成本低、研发周期短，因而学生参与的立方体项目不在少数，这对培养当前和未来的空间科学家贡献卓著。自 1999 年始，加州州立理工大学和斯坦福大学的学生就在携手构建皮卫星研发标准，即"立方体卫星标准"。目前，该标准已经成为立方体卫星的通用标准，而立方体卫星也已从教育圈辐射到产业界，在整个航天领域产生了巨大反响。越来越多的高校学生，甚至中小学生，也加入了立方体卫星研发大军。那么立方体卫星项目到底可以为教育圈带来什么？通过分析加州州立理工大学和斯坦福大学的早期立方体卫星项目，不难发现立方体卫星项目为学生们提供了宝贵的学习机会，让他们能够从中习得团队建设、系统集成、分布式工程合作、产品开发全生命周期和项目管理等相关知识和技能。

1. 早期立方体卫星项目

1）多皮卫星轨道部署器

加州州立理工大学是立方体卫星技术研究的先行者。该校学生在项目中负责研制标准部署器，即多皮卫星轨道部署器（P-POD）。多皮卫星轨道部署器的设计初衷是解决 3 颗立方体卫星在几乎所有运载火箭中作为二级载荷的接口标准问题。接口标准能为发射提供更多灵活性，让多皮卫星轨道部署器成为反应灵敏的理想二级载荷。

　　为了获得发射服务提供商的准入许可，多皮卫星轨道部署器的首要任务是确保运载火箭和一级载荷安全。为了满足发射服务提供商和立方体卫星研发人员的所有要求，加州州立理工大学的学生们在设计多皮卫星轨道部署器时，重点考虑了以下各点：

　　（1）多皮卫星轨道部署器需要确保运载火箭和其他载荷在立方体卫星发生严重故障时免受任何机械、电子或电磁干扰。

　　（2）立方体卫星必须以最小自旋从多皮卫星轨道部署器中分离，同时还要降低它们与运载火箭和其他立方体卫星碰撞的可能性。

　　（3）多皮卫星轨道部署器必须具备在不改变立方体卫星标准的情况下，通过小幅调整即可实现与各种运载火箭对接的能力。

　　（4）多皮卫星轨道部署器的质量需控制到最小。

　　（5）标准立方体卫星的生产流程应当简单容易，不可使用特殊材料和高成本建造工艺。

　　最终，加州州立理工大学的学生们通过特意控制，实现了多皮卫星轨道部署器的设计——它是一个由一个弹簧、一扇门和一个打开这扇门的机械装置组成的铝盒子。多皮卫星轨道部署器中放置了 3 颗立方体卫星。它们被固定在经硬质阳极化和特氟隆浸渍处理的一组导轨上。这些导轨为立方体卫星在部署过程中的滑动提供了低摩擦力表面。多皮卫星轨道部署器的唯一任务就是在恰当的时间打开大门，将立方体卫星推出。鉴于多皮卫星轨道部署器需要出色地完成任务，因此在设计初期就一直尊崇简洁的设计理念。图 4-1 展示了"第聂伯号"任务中的多皮卫星轨道部署器构型。

　　多皮卫星轨道部署器还在一块面板上配置了 3 个接入端口，免去了在诊断和电池充电过程中扰乱卫星集成的麻烦。多皮卫星轨道部署器可以承载总长度为 340.5 mm（标准尺寸的 3U 立方体卫星长度）的多个不同构型的立方体卫星。在不需改变多皮卫星轨道部署器的情况下，2U（长 227.0 mm）、3U（长 340.5 mm），甚至 1/2U（长 56.75 mm）立方体卫星都可被成功集成。

图 4-1 "第聂伯号"运载火箭搭载的多皮卫星轨道部署器

除了分离机制外，多皮卫星轨道部署器的设计和建造均由学生们完成。当前多皮卫星轨道部署器的设计可以采用星系统 QWKNUT 分离装置，即形状记忆合金分离机制或 NEA 电子公司的 9101B 装置，即 V-波段分离机制。之所以放弃使用学生设计的低廉分离机制而选用这些机制，目的是减少对多皮卫星轨道部署器的可靠性及有限飞行记录的疑虑。一旦机制驱动，在门铰链处安放的一组扭力弹簧就会将门打开，主弹簧则会将立方体卫星推出。每个任务的立方体卫星释放速度不尽相同，但相较运载火箭的上面级来说，大都限制在 2 m/s 之内。

鉴于发射前可能并不知晓多皮卫星轨道部署器所搭载的运载火箭，因此多皮卫星轨道部署器的设计和测试遵照美国国家航天局一般环境验证标准（GEVS）。这些标准中的振动记录记载了最坏的振动情况，也就是说它涵盖了所有大型运载火箭的振动记录。在这些极端情况下进行测试后，可以确信多皮卫星轨道部署器能够适应所有的发射环境，因此不必考虑进行额外测试，即可放心选择发射机会。尽管有些立方体卫星仅需满足特定的飞行载荷要求，但它们也都进行了相似程度的测试。

多皮卫星轨道部署器还需在-45℃~+65℃进行热真空测试，以验证其在这些环境中能否正常运转。此外，在与载有敏感硬件的卫星集成前，多皮卫星轨道部署器还要经过热烘烤测试，以确保所有材料都已排气。

2）立方体卫星标准

加州州立理工大学和斯坦福大学联合制定的《立方体卫星设计参数》文件共 3 页，目的是为不同的开发者提供最基本的、必要的设计大纲和指导。此外，该文件还提供了在研卫星、多皮卫星轨道部署器中其他立方体卫星及多皮卫星轨道部署器之间所有重要接口的详细清单。

在制定立方体卫星设计参数（图 4-2）时，学生们参考了多皮卫星轨道部署器尺寸及包括安全因素在内的一些实际要求。不论大小，所有的卫星都需要电源、储能装置、电脑、通信系统和载荷。鉴于使用商业现货部件能够降低成本、缩短研发周期，因此立方体卫星参数制定过程中很多实际方面的考虑都由现货部件的可用性和兼容性决定。例如，市场上有 30 mm×70 mm 的现货太阳能电池，那么每边安装 2~3 个这样的电源就能为微型控制器提供足够的电量（3~5 V）。为了储存电能，还可以选用各种化学电池。

多皮卫星轨道部署器的设计也对立方体卫星参数提出了要求。参数容差源自多皮卫星轨道部署器生产过程中的材料和容差。立方体卫星导轨使用的材料必须同铝 7075（多皮卫星轨道部署器用材）具有相同的热膨胀性能，且需经过硬质阳极化处理以规避冷焊，以为立方体卫星从多皮卫星轨道部署器分离提供光滑的滑行平面。

立方体卫星与多皮卫星轨道部署器集成后，整个系统总重可达 5.25 kg，外壳尺寸可达 192 mm×420 mm×140 mm。多皮卫星轨道部署器可根据运载火箭的要求，进行灵活安装。例如，"第聂伯 1 号"发射任务就是在底部对多皮卫星轨道部署器进行安装。

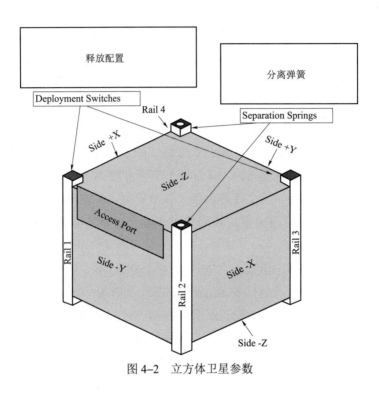

图4-2 立方体卫星参数

2. 学生们在项目中的获益

参与卫星项目是学生们在现实世界中开展工程项目的绝佳机会。在这一过程中，学生们积累了诸如团队建设、项目管理、多学科团队系统集成、飞行标准迎合、分布式工程合作等方面的宝贵经验。其中最重要的是经历了完整的任务周期。

（1）团队建设。团队建设对确保多学科团队的高效合作至关重要。项目的快速运转，离不开有力的领导、扎实的团队架构以及顺畅的沟通渠道。一旦团队成员能够团结一致、全情投入，那么就会见证惊人的进步。

（2）项目管理。对小型工程团队来说，项目管理是平衡各方的有效办法。资源分配、日程安排乃至任务要求方面的机动灵活都有助于快速形成正确决策。与此同时，倘若缺少项目管理和团队组织，那么进度就会被拖慢，项目也会停滞。在项目主要目标不明朗的情况下，问题更甚。

（3）多学科团队系统集成。在多学科团队中的工作经历，对学生们来说不可多得。通过与背景不同的学生们一起工作，团队成员能够体会在多学科团队中工作的微妙之处。这种相互学习并建立学科联系的过程，对培养综合性系统导向的团队意义重大。这些经验不仅适用于航天产业，也适用于其他许多工程领域。

（4）飞行标准迎合。大多数学生都不甚了解飞行硬件的概念。在从事硬件工作时，学生们必须着力转变思维方式，避免按照学校中惯常的做法不断调整方案。为了提高系统的成功率，学生们需要进行计划、记录，并对细节一丝不苟。在测试中或从工程硬件上了解并掌握相关程序，能够降低在飞行硬件上操作相同程序的出错率。在这些项目中，学生们学到的重要概念之一是："把测试当作飞行，让飞行遵照测试"。有时候，看起来很小的失误（如没有完全拧紧螺丝）就可能导致严重故障。在质量测试阶段，这些错误都可被发现并排除。每颗立方体卫星在与多皮卫星轨道部署器（P–POD）集成之前都必须经历这个过程。学生们对测试过程的理解和参与非常重要。

（5）分布式工程合作。每个人都面临相同的基本约束因素是立方体卫星研发团体的一个独有特点。这就让立方体卫星研发人员能够精诚合作。这比每个人单枪匹马更有成效。同时，在某些领域缺乏专业资源的学校也能够从其他兄弟院校的已有实践中学到经验。从众多机构的专业资源中挖掘而来的一些信息完全可以化为己用。一旦卫星入轨，立方体卫星研发团体的许多成员都愿意共享地面站资源，将地面覆盖和数据传输的效率翻一倍甚至两倍。

（6）产品开发全生命周期。尽管所有的卫星项目都有完整的生命周期，但这些周期通常比研究生们的正常学业时间长。而立方体卫星因体积小、标准化程度高，其研发周期一般为 1～2 年。这就为学生们经历整个任务周期提供了可能。这也许是立方体卫星项目最有价值的地方。

（7）任务计划和要求细化。同大型航天器一样，对任务进行计划和将要求细化对立方体卫星研发至关重要。但同大型航天器任务不同的是，立方体卫星没那么复杂，且通常在开始阶段就有明确的目标。因此，作为第一阶段的任务计划和要求细化可以较快完成。

（8）设计、分析和测试。鉴于立方体卫星体积小，且有相应的"立方体卫星标准"，因此立方体卫星项目可谓学习"把测试当作飞行，让飞行遵照测试"这一原则的不二选择。与大型航天器所需的较大的振动表相比，小型振动表更易获得。此外，加州州立理工大学还为立方体卫星研发人员提供了测试舱，用来在模拟飞行环境中测试他们的卫星。通常情况下，学校里的设施就足以满足立方体卫星整个系统的测试要求，然而对大型航天器来说，在没有专业设备的情况下，这些设施仅可实现部件级测试。

（9）制造、装配和质量控制。近来，立方体卫星的标准化趋势使这些卫星的制造、装配和质量控制流程更加顺畅。较短的设计周期让立方体卫星研发人员能够将更多精力倾注在满足飞行质量要求的硬件建造上。研发和试验程序完成后，飞行硬件即进入质量控制程序。所有这些流程都有助于确保学生研发卫星的可靠性。

（10）系统级测试。对多数大型卫星来说，测试整个系统的工作艰难复杂。但立方体卫星既小又简单，因此对其整个系统的测试工作容易得多。多皮卫星轨道部署器与立方体卫星集成后，也将开展全系统测试。这就为立方体卫星研发人员在集成进程初期监测部件集成效果提供了可能。例如，在测试过程中，部件之间任何非耦合的振动都可被监测到，电子设备的任何信号干扰也能在测试中被发现，继而在飞行前予以解决。对大型卫星来说，整星测试的次数极少，一般都在研发周期结束后，又因测试复杂，其仅会对某些集成效果进行建模和分析。立方体卫星项目能够让学生们按需快速进行测试，并及时分析出现的所有问题。

（11）集成和发射。立方体卫星交付加州州立理工大学后，学生们就可以着手将立方体卫星与多皮卫星轨道部署器进行集成，并将后者交付发射基地。接口标准化的要求让研发人员特别关注集成和发射环节的接口设计。鉴于每个立方体卫星的研发流程一致，因此集成过程简单高效。这就缩减了集成用时，也使发射更加灵活。因每颗大型卫星都有特定研发流程，因此它们的集成过程并非如此。"第聂伯1号"发射任务中需要集成14颗立方体卫星，验收测试仅用了约1周时间，发射前的检测和操作只用了3天。

（12）在轨运行。作为学生，能够在轨运行自己研制的卫星，这种经历实属宝贵，也让他们受益匪浅。此外，在轨运行还能将更多的学生吸纳进刚刚起步的立方体卫星项目。参与运行不仅能让学生们了解立方体卫星的语言、硬件和基础知识，还能让他们对航天器总体有所了解。

由于立方体卫星的研发周期短，学生们可以从头到尾经历整个流程并见证最终结果。这无疑会让他们对全局或者整个任务周期认识深刻。

3. 结论

当前，众多高校和公司已经投入到立方体卫星研发中来。全球合作和信息交换在为立方体卫星项目迅速发展提供可能的同时，也为学生们提供了不断收获知识和经验的良好机会。不同高校和行业成员之间通力合作是立方体卫星项目的独到之处。正如前文所提到的，所有的立方体卫星研发人员都面临同样的限制和约束。立方体卫星的快速发展说明在相同处境中从其他同仁中学到的宝贵经验对所有的参与者都意义深远。

现在，已有许多业余地面站开始关注并跟踪皮卫星。网络的不断编织能够让所有参与者共同进步、共迎成功，同时也为由学生主导的卫星项目研制创造了理想的沃土。学生们在这些项目中也获得了全面的提升。时至今日，起初由加州州立理工大学和斯坦福大学发起的立方体卫星研究项目已经得到了跨越式发展。它已能将世界范围内的研发人员联系起来，在推动前沿科技发展的过程中让学生和企业受益良多。

三、美国 SEI 公司发布全球 50 kg 以下微纳卫星市场预测报告

张召才[1]　姜　焱[2]

（1 北京空间科技信息研究所；
2 深圳航天东方红海特卫星有限公司）

2016 年，美国航天工厂企业股份有限公司（SEI）发布了《微纳卫星市场预测（2016）》报告，这是该公司自 2008 年以来连续发布的第 9 版《微纳卫星市场预测》报告。报告基于该公司"卫星发射需求数据库"（LDDB），对全球 1～50 kg 质量范围的微纳卫星市场发展情况进行了预测。笔者把《微纳卫星市场预测（2016）》报告的主要预测数据及观点整理成文，并作了简要分析。

（1）运载火箭发射延迟及失败显著影响微纳卫星发射数量。

据《微纳卫星市场预测（2016）》报告的数据，2015 年全球仅发射 131 颗 1～50 kg 微纳卫星，相较 2014 年大幅下滑了约 17%。2015 年初，SEI 公司曾预测 2015 年全球发射的 1～50 kg 微纳卫星数量较 2014 年将增长 35%，但受火箭发射延迟及发射失败影响，2015 年实际发射的 1～50 kg 微纳卫星数量显著下滑。当前，"一箭多星"是微纳卫星发射的主流方式。美国、俄罗斯、欧洲、中国、印度等都具备"一箭多星"发射能力，以多星共享或搭载发射的方式，将大批量微纳卫星以较低成本一次性发射入轨。因此，一旦运载火箭发射失败或延迟，将会对微纳卫星发射数量形成明显冲击。例如，2014 年 10 月，"安塔瑞斯"（Antares）火箭发射失败；2015 年 6 月，"猎鹰–9"（Falcon–9）火箭发射失败；2015 年 11 月，"超级斯届比"（SuperStrypi）火箭发射

失败。3 次失败累计造成 51 颗小卫星损毁。此外，2015 年有 2 枚火箭发射延迟，分别是"安塔瑞斯"火箭推迟 18 个月和"猎鹰–9"火箭推迟 6 个月，这也降低了微纳卫星搭载发射的机会。

（2）全球微纳卫星市场需求量继续快速增长。

SEI 公司预测的全球 1～50 kg 微纳卫星市场需求数据如图 4–3 所示。

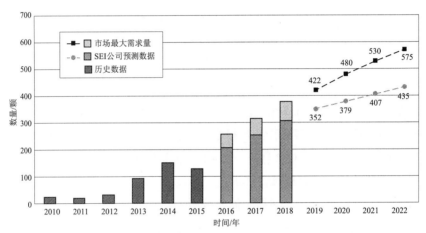

图 4–3　SEI 公司预测的全球 1～50 kg 微纳卫星市场需求数据

SEI 公司的预测数据显示，2016—2022 年，全球对 1～50 kg 微纳卫星的市场需求保持逐年增长趋势，且需求总量达到 3 000 颗。

笔者认为，全球微纳卫星市场需求量保持高速增长的原因主要包括两个方面：

一是 1～50 kg 以下微纳卫星的性能不断提升，其应用领域不断延伸，从工程教育、科学与技术试验等领域向实用化、业务化、装备化发展，在对地观测、环境气象、数据采集等应用领域已实现了业务化应用，成为大型、中型卫星等传统卫星系统外的有效补充，并带来了全新的应用模式和应用理念，引得政府部门和商业公司纷纷提出创新。

美国陆军计划发展的"鹰眼"（KestrelEye）计划，单星质量为 45 kg，具备 1.5 m 分辨率，目前已完成第二阶段研制，在轨飞行验证后即可批量发射并构成多星星座，面向基层作战部队提供军事作战支持。行星公司以3U立方体卫星构建的全球迄今规模最大的光学成像星座"鸽群"（Flock），其单星分辨率为3～5 m，并每年保持星座规模在百星以上。此外，螺旋公司（Spire）、普奈蒂克公司（Planetiq）等也已经发射或计划发射50 kg以下微纳卫星，构建新型商业对地观测星座。

二是现役运载火箭提供了大量搭载发射机会，新型专用火箭研制快速推进，并即将形成业务发射能力，为微纳卫星以低成本进入空间提供更多选择。在现役火箭方面，以2015年的发射情况看，美国"宇宙神-5"（Atlas-5）火箭和"猎鹰-9"火箭是发射50 kg以下微纳卫星数量最多的火箭，两型火箭均完成了3次发射任务，分别搭载发射了41颗和27颗50 kg以下微纳卫星。此外，中国的"长征-6和11"火箭、印度的"极轨卫星运载火箭"（PSLV）等也搭载发射了微纳卫星。在新研专用火箭方面，政府主导的小卫星专用火箭遭遇挫折，商业公司研制的小卫星专用火箭即将在2016年迎来广泛的首飞试验热潮。一方面，美国国防高级研究计划局（DARPA）取消了"空中发射辅助太空进入"（ALASA）计划，美国军方主导的"超级斯届比"火箭也遭遇首次发射失利；另一方面，维珍银河公司（VirginGalactic）、火箭实验室公司（RocketLab）等商业公司研制的新型低成本、小运力火箭进展顺利，即将在近2年执行首次飞行试验。这些专用火箭一旦具备业务应用能力并投放到全球商业发射市场，将对全球1～50 kg微纳卫星市场形成良性刺激，带动微纳卫星发射数量快速增长。

（3）微纳卫星小型化趋势明显，10 kg以下微纳卫星占据主流。

1～50 kg微纳卫星可细分为1～10 kg和10～50 kg两个质量区间。从历史发射数据看，微纳卫星小型化趋势异常显著，1～10 kg微纳卫星的发射数量占比不断提高，是1～50 kg微纳卫星发展最为活跃的部分。这一趋势主要得益于立方体卫星的不断发展与成熟。立方体卫星的概念自1999年首次提出后，其最初主要在高校小范围内发展，并随着能力提升不断被政府部门和商业市场关注，快速成为热点发展领域，发射数量急速增长，成为推动 1～50 kg 微纳卫星高速发展的主力军。将 1～10 kg 微纳卫星进一步细分，1～3 kg 微纳卫星（一般为 1U 或 2U 立方体卫星）占比将显著降低，其在 1～10 kg 微纳卫星中的占比从 2009—2013 年的 71%降低至 30%以下；4～6 kg 微纳卫星（一般为 3U 立方体卫星）占比快速提升，其在 1～10 kg 微纳卫星中的占比从 2009—2013 年的 23%提高至 60%。

（4）商业应用需求占据七成份额，对地观测领域保持绝对领先。

据《微纳卫星市场预测（2016）》报告的数据，2016—2018 年，全球 1～50 kg 微纳卫星中有 70%为商用微纳卫星。商业市场是推动微纳卫星高速发展的核心动力。尽管微纳卫星最初由政府和高校主导发展，并在工程教育、技术试验等领域取得一定应用，但其发射总量始终维持在相对稳定的水平。自 2013 年行星公司开始发射其"鸽群"星座后，全球 1～50 kg 微纳卫星的发射数量才实现飞跃式增长，并保持持续"井喷"态势。行星公司商业模式的成功，使资本市场快速关注这一新兴市场，并相继催生了阿根廷卫星逻辑公司（Satellogic）、美国螺旋公司、黑天全球公司（BlackskyGlobal）等新兴公司。这些初创公司纷纷提出基于微纳卫星的大规模星座，进一步推动了商业市场的发展。

从应用领域看，业务型微纳卫星的发展占据主导地位，科学与技术试验卫星的占比不断下降。其中，对地观测卫星的发展最为活跃，在 2016—2018 年占比达到 73%，相较 2009—2015 年占比增长接近 1 倍。对地观测微纳卫星的发展最为活跃，主要得益于以下几方面：

一是全球信息化浪潮提高了对地球大数据的需求，卫星遥感应用从关注空间分辨率向兼顾空间分辨率和时间分辨率发展，并且从关注全球态势变化的宏观维度看，时间分辨率在特定应用需求下成为比空间分辨率更重要的性能指标。应用需求的改变使构建全球快速重访的大规模遥感星座成为迫切需求。微纳卫星具有单星成本低、可编队组网、可批量发射部署的天然优势，成为构建全球数据快速更新的遥感星座的理想选择。如美国行星公司基于 3U 立方体卫星构建的"鸽群"星座，其单星分辨率仅为 3～5 m，但支持"永远在线"（AlwaysOn）工作模式，可对陆地自动成像。

二是光学成像载荷微小型化技术不断发展，使研制具有业务应用能力的对地观测微纳卫星成为现实。美国航空航天局（NASA）每年资助发展的创新前沿技术均包含微小型光学成像载荷项目，欧洲航天局（ESA）于 2014 年也开展了适用于立方体卫星的微小型多光谱成像载荷的研制。政府部门投入资金培育创新技术，商业市场广泛应用政府支持发展的前沿技术，这一产学研模式在微纳卫星领域得到有效运用，并推动了对地观测微纳卫星的发展。

三是对地观测市场不断细分，为技术创新、应用创新以及新兴公司提供了发展空间。微纳卫星对地观测应用从传统的中分辨率光学成像，逐步向光学分辨率不断提高、环境气象应用快速发展迈进。自行星公司构建了规模超过 100 颗的光学遥感星座后，美国又涌现了螺旋、普奈蒂克、地理光学（Geo-optics）等公司，这些公司借助"全球定位系统"（GPS）无线电掩星技术，提出并发展了覆盖全球的气象卫星星座项目。其中螺旋公司已率先启动业务卫星部署，其"狐猴"（Lemur）星座的规模将超过 100 颗，是全球首个由商业公司发起并建设的商业气象卫星星座。螺旋公司除提供气象数据及增值服务外，其"狐猴"星座还搭载了"船只自动识别"（AIS）载荷，可提供海运管理服务。

四、微小卫星任务组织管理

狄小鸣[1]　朱鲁青[2]

（1 北京控制工程研究所；2 北京空间科技信息研究所）

为了降低发射成本，小卫星发射以搭载和"一箭多星"为主要方式。2012 年，全球"一箭五星"及以上的发射有 3 次，共发射小卫星26 颗，占年度发射小卫星数量的 44.83%。微小卫星项目虽然在成本、技术复杂程度等方面无法与大型航天器项目相比，但涉及"一箭多星"发射，整个任务的组织管理就是一个复杂问题，需要顶层设计、实施协调、监督管理以及工程支持等方面的综合能力。为此，各主要航天国家的政府部门在"一箭多星"任务的组织管理方面发挥着主导作用，制定了专门支持微小卫星任务的组织管理机制，不但提供了更多发射机会，还通过有效的组织、管理和协调，推动整个任务的成功实施。

1. 政府主导的微小卫星任务组织管理

政府支持微小卫星发展，组织实施大型任务是推动技术发展成熟，孕育重大技术突破和创新的重要方式。在具体实施上，无论是军事部门还是民用部门，都注重发挥自身资源、经验和职能的综合优势，形成大型任务的长效机制并发挥主导作用。美国国防部的"空间试验"计划（STP），美国航空航天局（NASA）的"小型航天器"计划（SSP）、"立方体卫星"（Cubesat）发射倡议（CSLI）等都是政府组织管理的典型微小卫星任务。

1）组织架构

由于政府支持的小卫星任务具有比较一致和明确的任务属性，此类任务在组织架构方面具有以下特点：

136

（1）主管部门。由政府的空间科研或管理机构负责任务的具体组织、管理和运行，例如美国国防部、美国航空航天局等。

（2）评审委员会。主管部门组织由来自政府、军方、研究机构和工业企业的代表组成，对申请项目进行审查，确定入围项目并确定优先级清单。

（3）申请部门。具有较大的开放性和包容性，通常情况下允许军、民科研机构，以及大学、工业企业提交申请。

2）管理机制

在任务实施过程中，主管部门具有决策权和监督权，主导着整个任务的实施，特别是在顶层策划、总体协调、风险控制等方面发挥着关键作用。

（1）项目申请。首先必须符合此类任务的目标和指南；其次遵循避免重复的原则，提出申请前确认该项目是否得到政府、军方的重复支持；提供项目的目标、轨道、质量等全面的信息，供评审委员会审查。

（2）项目遴选。通常每年度组织评审委员会对申请项目进行评审，评审标准通常包括：是否与美国国防部、美国航空航天局等主管部门的发展战略和计划指南一致；应用潜力；技术先进性、引领性和发展前景；科学、教育方面的价值；任务可行性等。

（3）签署协议。与选定项目的申请方进行商议，确定双方在费用、分工、进度、知识产权、数据使用权和归属权、中止或退出处置等方面的职责界面。一般情况下，主管部门负责任务总体设计，提供星箭集成、测试和发射的技术及费用支持；入选项目团队负责各自小卫星的研制和入轨运行费用，确保按主管部门确定的技术和进度要求交付卫星。

（4）任务实施。制定任务目标、顶层计划和具体实施方案，组织任务团队并明确职责界面、进度要求和关键节点评审标准等；进行任务组织、管理和协调，控制任务技术、成本和进度风险，确保本次任务中的小卫星最终发射和在轨运行。

3）典型任务

美国航空航天局在 2010 年启动了纳卫星发射倡议，并由其空间运行任务部负责管理和运行，其目标是选择一系列立方体小卫星来验证"立方体卫星"（1U～6U，1U：10 cm×10 cm×15 cm，1.33 kg）作为二级搭载载荷的发射可行性，卫星计划在 2012—2014 年期间，按选定的优先次序发射。

目前，纳卫星发射倡议已经经过了 3 轮项目筛选，已经确定 65 颗"立方体卫星"项目。该倡议中的立方体卫星来自全美的大学、无线电爱好者卫星公司、美国航空航天局和国防部的机构，目前已有 8 个任务由美国航空航天局的"纳卫星教学发射计划"发射。

（1）组织架构。该计划具体由美国航空航天局空间运行任务部负责管理和运行，美国航空航天局和国防部各中心、美国的非营利组织、大学和教育研究机构可提出申请。美国航空航天局成立选择和建议委员会对提交的"立方体卫星"项目进行独立评估。

（2）项目遴选和管理机制。任务申请单位（卫星研制机构）在提交任务建议书前需进行下述评审，并在建议书中提供详细信息：

① 卫星研究计划满足美国航空航天局的战略计划和教育战略协作框架；

② 科学研究价值评审；

③ 可行性和风险性评审；

④ 满足"立方体卫星"的发射要求（满足皮卫星轨道发射器的要求和"立方体卫星"需求文件）。美国航空航天局成立选择和建议委员会对提交的"立方体卫星"项目进行独立评估，"立方体卫星"的评估权重分别为：

● 是否与美国航空航天局战略目标相一致（40%）；

● 科学、教育价值和技术价值评审（30%）；

● 可行性评审（30%）。

在"立方体卫星"发射倡议中，美国航空航天局负责提供卫星与运载火箭集成及发射活动的费用；卫星研制机构自筹资金研制卫星载荷；卫星研制机构负责地面站建设和后续运行管理；通过评审后卫星研制机构与美国航空航天局签署合作协议，如果卫星研制机构中途退出，则需要赔偿美国航空航天局相关发射活动的费用。

2. 多方合作的微小卫星的任务组织管理

微小卫星的快速发展，激发了科研、教育机构推进空间技术和科学研究的极大热情。在利用好政府主导任务机遇的同时，这些部门还积极推进多方合作，尤其在国际合作方面，近年来已经出现了多个具有影响力的合作任务。

1）组织架构

以合作方式开展的微小卫星任务通常由一个发起方提出任务主题、设想、合作原则和条件等基本信息，向国际上的科研和教育机构发出邀请。通常发起方在项目组织管理中发挥主要作用，对应也承担更多的责任与义务。

2）合作方式

合作开展的任务与政府主导的任务在组织管理方面有相似之处，但也有一些特有的组织管理要求，主要体现在：有较为明确的任务主题，与政府主导的任务相比，支持范围较窄；多集中在科学、教育领域；多国、多机构的组织、协调和管理。

3）典型任务

"QB50"项目是根据欧盟第 7 框架计划（FP7）（2007—2013 年）下的空间技术旗舰计划开展的一项国际合作的大型"立方体卫星"网络项目。

QB50 卫星网络主要是用于进行低大气层的科学研究，计划利用 50 颗立方体卫星来研究低层大气（90～320 km）在不同时空情况下的关键参数，进行多点、原位和长期的测量。"QB50"项目于 2011 年 11

月正式启动，2012 年 3 月 20 日建议书提交完毕，2012 年 5 月进行建议书评审和选择，目前已经收到全球各大学的 91 个意向建议书。

（1）组织架构。"QB50"项目由德国冯−卡门流体动力研究所（VKI）抓总管理，负责火箭发射经费、星箭接口管理、发射活动管理、标准传感器选择、大气再入研究和轨道动力学计算，并成立下述分支机构对项目进行评审和遴选：① 决策小组，来自德国冯−卡门流体动力研究所、欧洲航天局（ESA）、美国航空航天局及相关机构的科学家和各航天局代表，"QB50"项目经理，负责选择卫星项目、选择科学有效载荷；② 轨道动力学小组，确定卫星发射的顺序和速度，确定初始轨道高度；③ 传感器选择工作组，负责明确测量数据，进行传感器选择；④ 频率分配工作小组，负责卫星频率选择、地面站覆盖、频率分配。

（2）合作方式。"QB50"项目组织方将为该项目中的所有立方体卫星提供标准的卫星有效载荷，并提供免费的卫星发射机会，同时为用户设计专门的发射部署系统以及星箭的接口支持。这些立方体卫星将在欧洲航天技术中心进行卫星环境试验，并由组织方将 50 颗立方体卫星从欧洲航天技术中心运送到发射场进行发射。

各大学立方体卫星研制团队将自筹研制经费；按时提供"QB50"项目所需的文件；参加重要的项目评审，支持卫星的测试活动；负责卫星的在轨运行（寿命约 3 个月），并在 6～9 个月之内向位于德国冯−卡门流体动力研究所的 QB50 数据处理中心提供科学数据和星务管理数据。

在后续运行方面，QB50 卫星网络将由全球卫星运行教育网络（GENSO）负责全面运行。全球卫星运行教育网络由欧洲航天局教育办公室发起，西班牙维哥大学（Vega）是全球卫星运行教育网络项目的承包商，负责欧洲运行节点和全球卫星运行教育网络的登陆。全球卫星运行教育网络得到了国际空间教育委员会的支持，将在世界各地建立 100 多个地面站，为所有立方体卫星提供近似连续的上行和下行通信能力。

3. 商业发射的任务组织管理

尽管政府和军方为小卫星提供和创造发射机会，但与小卫星快速发展带来的发射需求相比，还有很大缺口。特别是民/商用小卫星，对商业发射的市场需求快速增长。但是，与军方或政府组织管理的小卫星任务不同，商业发射是一种市场行为，关键因素是效费比。

目前，美、欧、俄、日、印等都能提供这种发射服务。其中俄罗斯的"轰鸣"（Rokot）、"宁宙"（COSMOS）、"第聂伯"（Dnepr）、"静海"（SHTIL）等多种中小型运载火箭在任务适应性和费用等方面具有较强的市场竞争力，成功实施了多次小卫星商业发射任务。

1）组织架构

微小卫星的商业发射同样遵循当前国际商业发射的基本模式，但其具体操作过程与大卫星发射还有明显区别。

微小卫星商业发射主要包括客户、代理商和发射方。其中，代理商在市场开发、需求确定、合同签署、任务实施、监督检查以及金融保险等方面发挥着重要作用。目前，国际上有多家开展小卫星商业发射任务的代理商，以俄罗斯和英国共同组建的商业空间技术有限公司（CST）为例，该公司自 20 世纪 90 年代初期开展小卫星商业发射业务以来，已经成功实施 14 次发射任务，发射了近 30 颗小卫星，管理过 5 型俄罗斯运载火箭，具有丰富的任务组织管理经验。目前，商业空间技术有限公司能够为小卫星客户提供"分享""多星""专用"3 种发射服务。

（1）分享方式：一颗主星，搭载多颗小卫星作为第二载荷。这种方式是当前开展小卫星商业发射的主要方式之一，但成本还不够低，也受到主星在技术、进度、风险等方面的限制和要求。

（2）多星方式：多颗小卫星在火箭适配器上呈星簇布局，如果客户希望自己的小卫星成为主载荷，需支付额外费用，这种方式将成为未来小卫星商业发射的主流方式。商业空间技术有限公司预计俄罗斯多型新的小型运载火箭使用后，效费比和任务适应性将进一步提升。

（3）专用方式：专门为一个用户的小卫星组织发射任务，这种方式在费用方面不占优势，但适合有单独发射考虑的政府、军方客户。

2）实施流程

对于具体的小卫星商业发射任务，实施流程包括 3 个主要阶段。

（1）沟通协商：客户与商业空间技术有限公司沟通，明确卫星轨道、发射时间等方面的需求，提出希望采用的发射方式和费用的期望值。如果商业空间技术有限公司认为任务条件可行，客户需向商业空间技术有限公司提供授权书，确认商业空间技术有限公司代表客户利益开展后续业务。

（2）签订合同：双方签订发射服务协议（LSA），商业空间技术有限公司将根据客户需求，提供多个备选发射方案以及对应的大致费用金额。客户确定发射方式后，商业空间技术有限公司与发射方沟通最终报价；客户和发射方在费用金额上达成一致后，商业空间技术有限公司将协助客户与发射方签订一份备忘录，确定费用金额并执行发射服务协议。

（3）履行合同：执行发射服务协议，商业空间技术有限公司将提供协调、咨询、管理、金融、通关以及保险等方面的服务和支持，确保发射服务协议的执行并最终实施发射。

4. 发展特点

经分析归纳，国外微小卫星任务组织管理的特点主要体现为以下 4 个方面：

（1）国家加大投入趋势明显，推动微小卫星领域持续发展。

世界主要航天国家均将小卫星作为构建未来空间优势的重要部分，注重发挥其独特的优势，保持并不断增强军/民用小卫星的发展支持力度。以美国国防部、航空航天局和国家侦察局等为代表的政府部门表现出极大的热情，提供了远超科研机构、大学的推动支持，成为微小卫星加速发展的主要力量。近期，美国国会驳回空军取消空间试验计划和作战响应空间计划的预算申请，追加预算资金；美国国家侦查局、国防高级研究计划局、美国航空航天局纷纷组织立方体卫星任务，都是这种趋势的直接反映。"国家队"的加入，显示出微小卫星已经被纳入政府未来空间发展战略，将实现更快发展。

（2）保持微小卫星任务的长效机制，组织管理水平持续提升。

长期实践证明，建立保持长效机制是推动微小卫星持续发展的关键，其核心是高效的组织管理。未来微小卫星任务将更趋复杂、更具挑战性，需要任务的组织管理水平持续提升。美、欧已经认识到提升组织管理水平的重要性，围绕任务顶层规划、总体与分系统的协调、技术和进度风险识别与控制、多星载荷综合集成、应急方案制定、资源调度等关键问题开展深入研究，积累工程经验、优化管理流程、开发管理工具，不断增强微小卫星任务的组织管理能力。

（3）加强总体设计，优化集成测试流程。

制定顶层任务需求文件和任务综合计划，强化总体设计、验证和仿真是实施微小卫星任务的成功经验，为整个任务的实施提供指导和评价标准。特别是要通过进行更为准确和精细的建模仿真，优化多星集成环境测试流程，简化测试环节。这种方式已经在美国空间试验计划中得到成功应用，显示出缩短进度、精简费用的明显效果。

（4）注重风险控制，完善应急备选机制。

伴随着小卫星任务越来越复杂、更具挑战性，任务组织管理水平要与时俱进，持续提升。尤其是在风险控制方面，允许高任务风险，不等于不需要控制风险。无论是技术、进度还是成本，风险控制始终是微小卫星任务的组织管理的核心组成部分。美、欧等国家和地区普遍使用风险评估工具，识别并分析进度、经费、技术、可靠性等对任务的影响，防范"连锁反应"，制定应急备选卫星或模拟星方案，通过多种方式提升高风险任务的成功率。